Welche Pflanze gehört zu welcher Gruppe?

Gruppe	Pflanze
🍊	Apfel
🍊	Aprikose
✿	Artischocke
🍊	Aubergine
🍃	Balkonpflanze, Blatt
✿	Balkonpflanze, blühend
🍃	Basilikum
🍊	Birne
🍃	Blumenkohl
✿	Blumenzwiebel
✿	Brokkoli
🍊	Brombeere
🍊	Buschbohne
🍃	Chicorée
🍃	Chinakohl
🍃	Eissalat
🍃	Endivie
🍊	Erbse
🍊	Erdbeere
🍊	Feige
🍃	Feldsalat
🍊	Feuerbohne
🍃	Gartenmelde
🍃	Grünkohl
🍊	Gurke
🍊	Haselnuss
🍊	Heidelbeere
🍊	Himbeere
🍊	Japanische Weinbeere
🍊	Johannisbeere
🍊	Jostabeere
✿	Kamille, Echte
🥕	Karotte
🥕	Kartoffel

Gruppe	Pflanze
🍃	Kerbel
🍊	Kirsche, Sauer-
🍊	Kirsche, Süß-
🍊	Kiwi
🥕	Knoblauch
🍃	Knollenfenchel
🥕	Knollensellerie
🍃	Kohlrabi
🍃	Kopfsalat
🍃	Kresse
✿	Kübelpflanze, blühend
🍃	Kübelpflanze, Blatt
🍊	Kürbis
🍃	Lauch
✿	Lavendel, Blütenernte
🍊	Loganbeere
🍊	Mais
🍃	Mangold
🥕	Meerrettich
🍊	Mirabelle
🥕	Möhre
🍊	Nektarine
🍃	Neuseeländer Spinat
🍃	Pak Choi
🍊	Paprika
🥕	Pastinake
🍃	Petersilie
🍊	Pfirsich
🍊	Pflaume/Zwetsche
🍃	Pflücksalat
🍃	Porree
🍊	Preiselbeere
🍊	Quitte
🍃	Radicchio

Gruppe	Pflanze
🥕	Radieschen
🍃	Rasen
🍊	Reneklode
🥕	Rettich
🍃	Rhabarber
🍃	Römischer Salat
✿	Rose
🍃	Rosenkohl
🥕	Rote Bete
🍃	Rotkohl
🍃	Rucola
🍃	Schnittlauch
🍃	Schnittsalat
🥕	Schwarzwurzel
🍊	Soja
✿	Sommerblume
🍃	Spargel
🍃	Spinat
🍊	Stachelbeere
🍊	Stangenbohne
🍃	Staude, Blatt
✿	Staude, blühend
🥕	Süßkartoffel
🍊	Tomate
🥕	Topinambur
🍊	Walnuss
🍊	Wein
🍃	Weißkohl
🍊	Wildobst
🍃	Zitronenmelisse
🍊	Zucchini
🍃	Zuckerhut
🍊	Zuckermais
🍊	Zuckermelone
🥕	Zwiebel

KOSMOS GARTENJAHR 2027

KOSMOS

2027

1. Quartal

JANUAR

KW	53	1	2	3	4
Mo		4	11	18	25
Di		5	12	19	26
Mi		6	13	20	27
Do		7	14	21	28
Fr	1	8	15	22	29
Sa	2	9	16	23	30
So	3	10	17	24	31

FEBRUAR

KW	5	6	7	8
Mo	1	8	15	22
Di	2	9	16	23
Mi	3	10	17	24
Do	4	11	18	25
Fr	5	12	19	26
Sa	6	13	20	27
So	7	14	21	28

MÄRZ

KW	9	10	11	12	13
Mo	1	8	15	22	29
Di	2	9	16	23	30
Mi	3	10	17	24	31
Do	4	11	18	25	
Fr	5	12	19	26	
Sa	6	13	20	27	
So	7	14	21	28	

2. Quartal

APRIL

KW	13	14	15	16	17
Mo		5	12	19	26
Di		6	13	20	27
Mi		7	14	21	28
Do	1	8	15	22	29
Fr	2	9	16	23	30
Sa	3	10	17	24	
So	4	11	18	25	

MAI

KW	17	18	19	20	21	22
Mo		3	10	17	24	31
Di		4	11	18	25	
Mi		5	12	19	26	
Do		6	13	20	27	
Fr		7	14	21	28	
Sa	1	8	15	22	29	
So	2	9	16	23	30	

JUNI

KW	22	23	24	25	26
Mo		7	14	21	28
Di	1	8	15	22	29
Mi	2	9	16	23	30
Do	3	10	17	24	
Fr	4	11	18	25	
Sa	5	12	19	26	
So	6	13	20	27	

3. Quartal

JULI

KW	26	27	28	29	30
Mo		5	12	19	26
Di		6	13	20	27
Mi		7	14	21	28
Do	1	8	15	22	29
Fr	2	9	16	23	30
Sa	3	10	17	24	31
So	4	11	18	25	

AUGUST

KW	30	31	32	33	34	35
Mo		2	9	16	23	30
Di		3	10	17	24	31
Mi		4	11	18	25	
Do		5	12	19	26	
Fr		6	13	20	27	
Sa		7	14	21	28	
So	1	8	15	22	29	

SEPTEMBER

KW	35	36	37	38	39
Mo		6	13	20	27
Di		7	14	21	28
Mi	1	8	15	22	29
Do	2	9	16	23	30
Fr	3	10	17	24	
Sa	4	11	18	25	
So	5	12	19	26	

4. Quartal

OKTOBER

KW	39	40	41	42	43
Mo		4	11	18	25
Di		5	12	19	26
Mi		6	13	20	27
Do		7	14	21	28
Fr	1	8	15	22	29
Sa	2	9	16	23	30
So	3	10	17	24	31

NOVEMBER

KW	44	45	46	47	48
Mo	1	8	15	22	29
Di	2	9	16	23	30
Mi	3	10	17	24	
Do	4	11	18	25	
Fr	5	12	19	26	
Sa	6	13	20	27	
So	7	14	21	28	

DEZEMBER

KW	48	49	50	51	52
Mo		6	13	20	27
Di		7	14	21	28
Mi	1	8	15	22	29
Do	2	9	16	23	30
Fr	3	10	17	24	31
Sa	4	11	18	25	
So	5	12	19	26	

Neujahr 01.01., Karfreitag 26.03., Ostern 28.03. und 29.03., Maifeiertag 01.05., Christi Himmelfahrt 06.05., Pfingsten 16.05. und 17.05., Tag der dt. Einheit 03.10., Weihnachten 25.12. und 26.12.

2028

1. Quartal

JANUAR

KW	52	1	2	3	4	5
Mo		3	10	17	24	31
Di		4	11	18	25	
Mi		5	12	19	26	
Do		6	13	20	27	
Fr		7	14	21	28	
Sa	1	8	15	22	29	
So	2	9	16	23	30	

FEBRUAR

KW	5	6	7	8	9
Mo		7	14	21	28
Di	1	8	15	22	29
Mi	2	9	16	23	
Do	3	10	17	24	
Fr	4	11	18	25	
Sa	5	12	19	26	
So	6	13	20	27	

MÄRZ

KW	9	10	11	12	13
Mo		6	13	20	27
Di		7	14	21	28
Mi	1	8	15	22	29
Do	2	9	16	23	30
Fr	3	10	17	24	31
Sa	4	11	18	25	
So	5	12	19	26	

2. Quartal

APRIL

KW	13	14	15	16	17
Mo		3	10	17	24
Di		4	11	18	25
Mi		5	12	19	26
Do		6	13	20	27
Fr		7	14	21	28
Sa	1	8	15	22	29
So	2	9	16	23	30

MAI

KW	18	19	20	21	22
Mo	1	8	15	22	29
Di	2	9	16	23	30
Mi	3	10	17	24	31
Do	4	11	18	25	
Fr	5	12	19	26	
Sa	6	13	20	27	
So	7	14	21	28	

JUNI

KW	22	23	24	25	26
Mo		5	12	19	26
Di		6	13	20	27
Mi		7	14	21	28
Do	1	8	15	22	29
Fr	2	9	16	23	30
Sa	3	10	17	24	
So	4	11	18	25	

3. Quartal

JULI

KW	26	27	28	29	30	31
Mo		3	10	17	24	31
Di		4	11	18	25	
Mi		5	12	19	26	
Do		6	13	20	27	
Fr		7	14	21	28	
Sa	1	8	15	22	29	
So	2	9	16	23	30	

AUGUST

KW	31	32	33	34	35
Mo		7	14	21	28
Di	1	8	15	22	29
Mi	2	9	16	23	30
Do	3	10	17	24	31
Fr	4	11	18	25	
Sa	5	12	19	26	
So	6	13	20	27	

SEPTEMBER

KW	35	36	37	38	39
Mo		4	11	18	25
Di		5	12	19	26
Mi		6	13	20	27
Do		7	14	21	28
Fr	1	8	15	22	29
Sa	2	9	16	23	30
So	3	10	17	24	

4. Quartal

OKTOBER

KW	39	40	41	42	43	44
Mo		2	9	16	23	30
Di		3	10	17	24	31
Mi		4	11	18	25	
Do		5	12	19	26	
Fr		6	13	20	27	
Sa		7	14	21	28	
So	1	8	15	22	29	

NOVEMBER

KW	44	45	46	47	48
Mo		6	13	20	27
Di		7	14	21	28
Mi	1	8	15	22	29
Do	2	9	16	23	30
Fr	3	10	17	24	
Sa	4	11	18	25	
So	5	12	19	26	

DEZEMBER

KW	48	49	50	51	52
Mo		4	11	18	25
Di		5	12	19	26
Mi		6	13	20	27
Do		7	14	21	28
Fr	1	8	15	22	29
Sa	2	9	16	23	30
So	3	10	17	24	31

Neujahr 01.01., Karfreitag 14.04., Ostern 16.04. und 17.04., Maifeiertag 01.05., Christi Himmelfahrt 25.05., Pfingsten 04.06. und 06.06., Tag der dt. Einheit 03.10., Weihnachten 25.12. und 26.12.

DIESER KALENDER GEHÖRT

WICHTIGE ADRESSEN UND TELEFONNUMMERN

FERIENKALENDER 2027

Land	Weihnachten 2026/2027	Winter	Ostern	Pfingsten	Sommer	Herbst	Weihnachten 2027/2028
Baden-Württemberg	23.12.–09.01.	–	25.03. + 30.03.–03.04.	18.05.–29.05.	29.07.–11.09.	02.11.–06.11.	23.12.–08.01.
Bayern	24.12.–03.01.	08.02.–12.02.	22.03.–02.04.	18.05.–28.05.	02.08.–13.09.	02.11.–05.11. + 17.11.[1]	24.12.–07.01.
Berlin	23.12.–02.01.	01.02.–06.02.	22.03.–02.04. + 07.05.	18.05.–19.05.	01.07.–14.08.	11.10.–23.10.	22.12.–31.12.
Brandenburg	23.12.–02.01.	01.02.–06.02.	22.03.–03.04. + 07.05.	18.05.	01.07.–14.08.	11.10.–23.10.	23.12.–31.12.
Bremen	23.12.–09.01.	01.02.–02.02.	22.03.–03.04.	07.05. + 18.05.	08.07.–18.08.	18.10.–30.10.	23.12.–08.01.
Hamburg	21.12.–01.01.	29.01.	01.03.–12.03.	07.05.–15.05.	01.07.–11.08.	11.10.–22.10.	20.12.–31.12.
Hessen	23.12.–12.01.	–	22.03.–02.04.	–	28.06.–06.08.	04.10.–16.10.	23.12.–11.01.
Mecklenburg-Vorpommern	29.12.–02.01.	08.02.–19.02.[2]	24.03.–02.04.	07.05. + 14.05.–18.05.[3]	05.07.–14.08.[4]	14.10.–23.10.[5]	22.12.–04.01.[6]
Niedersachsen	23.12.–09.01.	01.02.–02.02.	22.03.–03.04.	07.05. + 18.05.	08.07.–18.08.	16.10.–30.10.	23.12.–08.01.
Nordrhein-Westfalen	23.12.–06.01.	–	22.03.–03.04.	18.05.	19.07.–31.08.	23.10.–06.11.	24.12.–08.01.
Rheinland-Pfalz	23.12.–08.01.	–	22.03.–02.04.	–	28.06.–06.08.	04.10.–15.10.	23.12.–07.01.
Saarland	21.12.–31.12.	08.02.–12.02.	30.03.–09.04.	–	20.06.–06.08.	04.10.–15.10.	20.12.–31.12.
Sachsen	23.12.–02.01.	08.02.–19.02.	26.03.–02.04.	07.05. + 15.05.–18.05.[7]	10.07.–20.08.	11.10.–23.10.	23.12.–01.01.
Sachsen-Anhalt	21.12.–02.01.	01.02.–06.02.	22.03.–27.03.	15.05.–22.05.	10.07.–20.08.	18.10.–23.10.	20.12.–31.12.
Schleswig-Holstein	21.12.–06.01.	01.02.–02.02.[8]	30.03.–10.04.	07.05.	03.07.–14.08.[9]	11.10.–23.10.[10]	23.12.–08.01.
Thüringen	23.12.–02.01.	01.02.–06.02.	22.03.–03.04.	07.05.	10.07.–20.08.	09.10.–23.10.	23.12.–31.12.

1) Buß- und Bettag am 17.11. ist für Schüler unterrichtsfrei, für Lehrer jedoch nicht arbeitsfrei; 2) Berufsbildende Schulen 08.02.–13.02.; 3) Berufsbildende Schulen haben keine Pfingstferien, aber am 07.05. schulfrei; 4, 5, 6) Berufsbildende Schulen 12.07–28.08.; 16.10.–23.10. und 25.11. + 26.011., 22.12.–31.12.; 7) Der 07.05. ist unterrichtsfrei; 8) Bewegliche Feiertage, solange es kein abweichenden Beschluss durch den Schulträger oder Nachbarschulen gibt; 9, 10) Sylt, Föhr, Amrum, Helgoland und Halligen 03.07.–07.08., 04.10.–23.10.

INHALT

INHALT

Trockenhelden im Gemüsebeet

Von Ortrud Grieb

Spanien und Italien sind die größten Gemüse- und Obstproduzenten der EU. Hitze und Trockenheit sprechen also nicht gegen den eigenen Nutzgarten – solange Wasser zur Verfügung steht und die Temperaturen nicht laufend über 35 °C klettern. Erfindungsgeist, offene Augen und Mut zur Veränderung sind aber nötig. Eine großartige Pflanzenvielfalt hilft uns, flexibel zu agieren. Mit dem eigenen Anbau leisten wir sogar einen Beitrag zum Klimaschutz, solange wir ressourcenschonend gärtnern.

Unterschiedliche Temperaturansprüche

Unsere Nutzpflanzen sind unterschiedlich an Hitze und Kälte angepasst. Während die Melone bei Temperaturen unter 15 °C geschockt reagiert, wächst der Winterportulak ganz munter bei 2 °C unterm Schnee. Wenn wir die Temperaturansprüche der Pflanzen kennen, können wir vor allem die milden Herbst-, Winter- und Frühjahrsmonate ausgiebiger nutzen. Aber auch Beikräuter und Schädlinge können profitieren. Lauchminierfliegen, Läuse, Wanzen, Maiszünsler, Rostpilze und Echter Mehltau lieben Wärme. Im Sommerhalbjahr soll es in Zukunft weniger regnen, bis auf örtliche Starkregenereignisse. Gerade über die heißen Sommermonate aber brauchen die Pflanzen viel Wasser, pro Grad Klimaerwärmung verdunsten sie zusätzlich 10 % mehr Wasser. In puncto Trockenstress sind die Nutzpflanzen unterschiedlich hart im Nehmen. Der Riesen-Gänsefuß wächst unbeeindruckt monatelang ohne Regen, der Brokkoli dagegen wird blass und stellt sein Wachstum ein. Die meisten unserer Gemüsearten brauchen mehr Wasser als Ackerkulturen, denn sie sollen zartes, saftiges Gewebe bilden. Viele Arten überleben zwar mit wenig Wasser, wachsen aber kaum. Oft schmeckt das harte Gewebe, das sich unter Trockenstress bildet, nicht so gut. Wenn wir viel leckeres Gemüse ernten wollen, brauchen wir also Wasser, möglichst wenig Wasser natürlich, denn Wasser kann in Zukunft Mangelware werden.

Kleinklima im Garten optimieren

Am Weltklima können wir wenig ändern. Das Kleinklima in unserem Garten können wir aber entscheidend beeinflussen und dann optimal nutzen. Die Melone bekommt ein windgeschütztes Beet an einer Südwand oder einen Platz im Gewächshaus. Der Sellerie kommt in die Nähe der Wassertonne. Aber wie erkenne ich das Kleinklima in meinem Garten?

Unterschiedlich starke Besonnung erkenne ich, wenn Reif oder Schnee tauen. An den Südseiten blühen die ersten Krokusse, die Nordseiten halten noch Winterschlaf. Früher waren Südhänge zum Obst- und Gemüseanbau sehr begehrt, heute punkten eher die leichten Nordhänge, denn dort trocknet der Boden nicht ganz so schnell. An die Südseite des Hauses kommen die Wärmeliebenden. Mit Trockenmauern und Hügeln können wir mehr oder weniger Sonne einfangen, mit Pflanzungen ein wenig schattieren. Im Großen und Ganzen brauchen die meisten Gemüse- und Obstarten aber sehr viel Sonne.

Windschneisen, Luftwirbel und windstille Ecken erkenne ich an Schneewehen und am Herbstlaub. Wärmeliebende Pflanzen wie Gurke oder Aprikose mögen es windgeschützt, brauchen also relativ dichte Windschutzpflanzungen. Unempfindlichere Pflanzen wie Kohlrabi, Mangold oder Apfelbäume lieben laue Lüftchen, damit die Blätter schnell abtrocknen. Möhren lieben sogar den Wind, aber nur, weil er ihnen die Möhrenfliege vom Leib hält.

Dort, wo morgens Reif liegt, wenn es leichten Bodenfrost gab, ist es im Winterhalbjahr am kältesten, denn dort fließt die kalte Luft nicht weg. Vielleicht hilft ein Loch in der Hecke, damit die kalte Luft nach unten abfließen kann. Manchmal reicht es auch, wenn man frostgefährdetes Gemüse mit einem Hochbeet aus dem Kaltluftsee heraushebt. Auch auf lockerem Mulch oder Rasen bildet sich schneller Reif als auf Boden oder Gestein, da der Wärmenachschub aus dem Boden fehlt. Mulch und Rasen isolieren nämlich prima. Daher kann in Nächten mit leichtem Bodenfrost eine gemulchte Jungpflanze erfrieren, eine nicht gemulchte aber durch die Wärme aus dem Boden überleben.

Wenn wir im Sommer bei Sonne ein Thermometer über einen Schottergarten halten und danach über den Rasen daneben, messen wir nicht selten Temperaturunterschiede von 10 °C, denn grüne Pflanzen puffern Temperaturschwankungen. So erwärmt sich dunkler Boden auch stärker als ein mit Gemüse bedeckter Boden. Wir haben also viele Stellschrauben für das Kleinklima in unserem Garten.

Hanggarten

Wer Gemüse am Hang anbauen möchte, terrassiert am besten, denn beim Anbau von Gemüse liegt häufig Boden frei, der gern nach unten rutscht. Außerdem soll Regenwasser nicht den Hang hinunterschießen, sondern in den Beeten versickern. Bei leichtem Gefälle lege ich Beete und Reihen quer zum Hang an. An steileren Hängen baue ich Trockenmauern. Bis 80 cm Höhe kann man sie mit etwas Know-how selber bauen. Frisch Gepflanzte bekommen Gießmulden, die ich für Obstgehölze so anlege, dass sie über viele Jahre Regenwasser fangen.

Wallbeete

In ebenen, windexponierten Gärten kann man den Wind durch Formung der Bodenoberfläche ausbremsen. Wallbeete bestehen zum Beispiel aus mehr oder weniger hohen Erdwällen. Zwischen den Wällen ist es nicht so windig und der Boden bleibt länger feucht. Wallbeete sind auch auf schweren Böden von Vorteil, da der Boden im Wall besser durchlüftet ist. Ähnlich funktionieren Kraterbeete.

1 Hecken können Windschutz bieten.
2 Mit der Aussaat zur richtigen Zeit können Hitzewellen etwas umgangen werden.

Kraterbeete

Sie bestehen aus einer Mulde mit einem Wall herum. Form und Größe sind variabel, Mutterboden muss oben bleiben. Steilere Hänge terrassiert man mit Steinen. Steine speichern Wärme und geben sie nachts wieder ab. In windigen Gärten schafft man mit Kraterbeeten windgeschützte Plätze für empfindliches Gemüse. Vor allem in trockenen Gegenden punkten sie, denn unten im Krater sammelt sich Regenwasser, das im windgeschützten Inneren nicht so schnell verdunstet, vor allem unter Trittsteinen hält es sich lange. An den Hängen ist es trockener, oben auf dem Wall entsteht ein gut drainierter Trockenstandort. Auch die Sonneneinstrahlung ist an den entstehenden Süd-, West-, Ost- und Nordhängen unterschiedlich. Regnet es viel, steht das Gemüse im Inneren allerdings im Wasser, wenn der Boden nicht durchlässig genug ist.

Kraterbeet

Guter Boden

Ein guter Boden ist die beste Versicherung gegen den Klimawandel, denn er kann viel Wasser speichern. Diese Fähigkeiten können wir durch optimale Bodenpflege verbessern. Wenn wir dann noch mulchen, ist das Wasser gut geschützt. Wappnen müssen wir unsere Gemüsebeete auch gegen Starkregen und Hagel. Bei Hagel hilft Gelassenheit. Viele Pflanzen erholen sich schneller, als man denkt. Den Rest können wir eventuell durch schnell wachsendes Gemüse ersetzen. Am besten hat man immer ein paar Samen in petto.

Es soll mehr Stürme geben, was vor allem für Tomatenhäuser, Stangenbohnengerüste und höhere Pflanzen problematisch ist. Die niedrigen Gemüsearten können wir durch Windschutzpflanzungen schützen. Mulch aus Laub können wir mit Erde bestreuen oder vor dem Zusammenrechen mit dem Rasenmäher häckseln.

Humusaufbau

Im Garten solltet Ihr alles behalten, was zu Humus werden kann. Verschenkt keine wertvollen Ressourcen, denkt in Kreisläufen. Jeder Sack voll Laub, den Ihr zur Deponie fahrt, ist ein bisschen weniger Fressen für eure Regenwürmer, ein bisschen weniger Humus in eurem Garten, ein bisschen weniger Wasserhaltekraft in eurem Boden. Jeder Sack Laub oder Rasenschnitt vom Nachbarn ist ein Segen für euren Garten. In kleinen Gärten kann man den Kreislauf samt Deponie denken, Gartenabfälle hin, Kompost mit zurück.

Durchschnittlicher Wasserspeicher pro m² je 10 cm durchwurzelbarer Tiefe

BODENART	SPEICHERKAPAZITÄT	PFLANZENVERFÜGBARES WASSER
Sand	10 Liter	5 Liter
Lehm	40 Liter	22 Liter
Ton	48 Liter	13 Liter

Mulch

Mulch ist das vielleicht wichtigste Werkzeug im Klimawandel, denn Mulch schützt den Boden vor Sonne, Austrocknung, Überhitzung, Starkregen und Erosion. Außerdem verarbeitet das Bodenleben alle organischen Mulchmaterialien zu Humus und Dün-

Mykorrhiza – unterirdische Gemeinschaften

In guten Böden saugen Wurzeln nicht alleine. Sie sind eng umgeben von den Pilzfäden der Mykorrhiza-Pilze, die Wasser und Nährstoffe heranschaffen und dafür von den Wurzeln mit Kohlenhydraten versorgt werden. Die Pilzfäden wachsen zu einem großen Netz zusammen und helfen sich gegenseitig. Sie holen Wasser von weit her und lösen Nährstoffe aus dem Gestein, so dass die Pflanze besser versorgt ist, als wenn sie nur auf ihre eigenen Wurzeln angewiesen wäre. Trocken-, Nässe-, Hitze- und Kältetoleranz der Pflanzen werden durch Mykorrhiza-Pilze verbessert. Außerdem verteidigen sie ihre Wurzeln vor Angriffen durch schädliche Pilze. Man kann sie übrigens kaufen.

ger. Bei Schneckengefahr im Gemüsebeet sollte Mulch höchstens 1 bis 2 cm dick sein. Unter Beerenobst oder auf Baumscheiben darf er dicker liegen, im Winter aber nicht, sonst fühlen sich Mäuse darunter zu wohl. Ich mulche hauptsächlich mit Rasenschnitt und Herbstlaub.

Wasserbedarf von Gemüsekulturen

Je stärker die Sonne scheint und je trockener, wärmer und windiger es ist, desto mehr Wasser brauchen unsere Pflanzen. Der größte Teil verdunstet sofort durch die Spaltöffnungen. Je mehr Blattfläche vorhanden ist, desto höher der Wasserbedarf.

Faustzahlen – wer braucht was

Große Gemüsepflanzen verdunsten im Sommerhalbjahr pro Tag durchschnittlich 4 Liter Wasser/m². An heißen, windigen Sonnentagen sind es 7 bis 8 Liter, bei kühlem, feuchtem Wetter weniger als 1 Liter. Beete mit Jungpflanzen verdunsten halb so viel, wobei ein Großteil aus dem Boden verdunstet. Ein verunkrautetes Beet verdunstet mehr Wasser als ein gemulchtes. Die Unterschiede zwischen den Gemüsearten sind viel geringer als die wetterbedingten Unterschiede.

Die Höhe des Ertrages ist eng an den Wasserverbrauch gekoppelt, wobei das letzte Quäntchen Ertrag überdurchschnittlich viel Wasser braucht. Da kann man viel sparen. Außerdem können manche Gemüsearten wie Mangold Trockenzeiten relativ unbeschadet überstehen und dann bei ausreichend Wasser einfach weiterwachsen. Andere wie Blumenkohl schaffen das nicht. Je tiefer Gemüse wurzelt, desto trockentoleranter ist es, wobei man junge Pflanzen erziehen kann, indem man sie sparsam gießt, damit sie ihre Wurzeln nach unten strecken. Alte Pflanzen in der Reifephase wie Zwiebeln oder Möhren mit vergilbendem Laub brauchen kein Wasser. Im Internet findet man für viele Nutzpflanzen die Kc-Werte. Sie drücken aus, wie viel Wasser unsere Nutzpflanzen in welchem Entwicklungsstadium im Vergleich zu einem gut entwickelten Grasbestand für optimales Wachstum brauchen.

Mulchen und effizientes Gießen trägt zur Pflanzengesundheit bei.

1 Sommerportulak kann blitzschnell wachsen und enthält viel Vitamin C und Omega-3-Fettsäuren. 2 Riesen-Gänsefuß hat hübsche, rosa Spitzen.

Gießen von frisch Gepflanzten
Wenn möglich, pflanze ich nur an bewölkten Tagen. Vor dem Setzen wässere ich die Jungpflanzen, damit sie sich ordentlich vollsaugen. Nach dem Pflanzen gieße ich mit viel Wasser an, so dass Boden an die Wurzeln gespült wird. Danach gieße ich etwa eine Woche lang ausreichend. Sobald die Pflanzen neue Blätter bilden, haben sie es geschafft, dann haben sie genug neue Wurzeln. Nun gieße ich sparsam. Wer in einer Hitzeperiode pflanzen muss, kann einige Blätter abzwicken oder halbieren und die frisch Gepflanzten schattieren. Gekaufte Jungpflanzen sind oft super abgehärtet und wachsen gut an, die Erde des Ballens trocknet aber leicht aus. Da der Ballen sich beim Trocknen zusammenzieht und die neuen Wurzeln zerreißt, die gerade in den Boden wachsen wollten, sollte er nie austrocknen. Bei großen Pflanzen lohnt sich ein Gießring, ein eingegrabener Blumentopf oder eine PET-Flasche mit Loch sind auch sinnvoll.

Salate und Blattgemüse

In den länger werdenden, heißen Sommermonaten fühlen sich Neuseeländer Spinat, Malabarspinat, Gartenmelde, Gemüse-Amarant, Huauzontle oder Eiskraut wohl. Zur Bildung vieler, zarter Blätter brauchen aber auch sie genug Wasser.

Wasserbedarf von Salaten und Blattgemüse

TYPISCHE AUSSAATZEIT	STARKE BIS MITTELMÄSSIGE TROCKENTOLERANZ
(März)/April	Algiersalat, Choi Sum, Erdbeerspinat, Gartenmelde, Grünkohl, Huauzontle, Löwenzahn, Quinoa, Mangold, Riesen-Gänsefuß, Rucola
Mai/Juni	Chicorée, Eiskraut, Eissalat, Gemüse-Malve, Hirschhornwegerich, Olluco (Knollen legen), Sommerportulak
Juli/August	Choi Sum, Eissalat, Gemüse-Malve, Schnitt-Zichorie 'Catalogna Gigante di Chioggia'
September	Hirschhornwegerich, Rucola, Winterportulak

Trockenkünstler

Sommerportulak ist eine CAM-Pflanze. Diese Pflanzen sind genetisch sehr gut an Trockenheit angepasst. Sie öffnen nachts ihre Spaltöffnungen, nehmen CO_2 auf und speichern es. Tagsüber schließen sie bei Trockenstress ihre Spaltöffnungen und nutzen das gespeicherte CO_2 für die Fotosynthese. So verdunstet tagsüber kein Wasser durch die Spaltöffnungen. Die dicken Blätter speichern außerdem Wasser für die Fotosynthese und können durch hohen osmotischen Druck sogar den Morgentau aufsaugen. Auch Kakteen und Hauswurze gehören zu den CAM-Pflanzen. Unsere heimischen Gemüsepflanzen sind zum überwiegenden Teil sogenannte C3-Pflanzen und haben einen anderen Stoffwechsel. Sobald ihre Spaltöffnungen geschlossen sind, können sie kaum noch Fotosynthese machen, da ihnen das CO_2 aus der Luft fehlt. Sie sind nicht in der Lage, es zu speichern. Auch Wasser können sie kaum einlagern. Die optimale Keimtemperatur von Sommerportulak liegt bei 30 °C, er liebt Hitze und Sonne. Wenn er schnell zarte Blätter bilden soll, braucht er aber ein wenig Wasser. Man sät ab Mitte Mai und erntet 4 bis 6 Wochen später die zarten Spitzen. Wenn man regelmäßig erntet, blühen die Pflanzen nicht so schnell. Auch die Blütenknospen sind lecker. Sobald sich die Blüten öffnen, schmecken die Blätter nicht mehr so gut. Folgesaaten liefern wieder frische Spitzen. Wo der Sommerportulak sich wohlfühlt, samt er sich gerne aus. Ehe er stört, kommt er in die Salatschüssel.

Riesen-Gänsefuß, auch als Baumspinat bekannt, hat als Jungpflanze hübsche violett-rosa Triebspitzen. Jung schmeckt er am besten. Die zartesten Blätter erntet man im Schatten, die Pflanzen stehen aber auch gern sonnig. Ältere Blätter eignen sich als Spinat, auch die Samen schmecken. Als bei mir nach einer langen Trockenperiode der Rasen und sämtliche Wildkräuter im Garten verdorrt waren, blieb der Riesen-Gänsefuß, der auf einer Kahlstelle im Rasen gekeimt war, grün und wurde später in der Blütezeit von Hunderten Insekten umschwärmt. Seine Blüten lieferten Pollen in einer Zeit, wo ringsherum keine Pflanze mehr blühte. Seine Pfahlwurzeln holen Wasser tief aus dem Boden. Gemüse-Malven sind über Sommer beliebt beim Malvenflohkäfer, der die Blätter zerlöchert. Deshalb säe ich erst im Juli/August. Mit ihren tiefen Pfahlwurzeln versorgen die Pflanzen sich bei Trockenheit selbst mit Wasser, so dass ich bis zum ersten starken Frost immer zarte Blätter ernten kann, auch wenn es ringsherum wegen der Trockenheit nicht viel zartes Grün gibt. Sehr gut klappt die Selbstaussaat.

Schnitt-Zichorie 'Catalogna Gigante di Chioggia' wächst ähnlich wie Löwenzahn, aber größer und nicht so bitter. Ihre Blüten sind blau, wie die der nah verwandten Wegwarte. Bei feuchtem Boden bildet sie unermüdlich zarte, leckere Blätter. Bei langer Trockenheit pausiert sie, treibt aber beim ersten Regen aus ihrer tiefen Pfahlwurzel wieder neu, so dass man nur bei allzu großer Trockenheit und allzu starkem Frost auf sie verzichten muss. Wenn sie im zweiten Jahr blühen darf, sät sie sich gerne selbst aus.

Der Asiasalat 'Red Giant' schmeckt scharf.

Wurzelgemüse

Einerseits dienen Knollen und Wurzeln als Wasserspeicher, andererseits brauchen die Pflanzen Wasser, um sie zu bilden. Je nach Heimatstandort vertragen die Pflanzen Trockenphasen in der Wachstumszeit unterschiedlich gut.

Trockenkünstler

Natürlich wachsen sie besser, wenn es genug regnet. Aber wenn man nicht gießen kann und über den Sommer Woche für Woche kein Tropfen vom Himmel fällt, zählen sie meist zu den Überlebenden. Sobald es regnet, wachsen sie bis zum Herbst noch kräftig weiter, falls sie noch leben. Dabei ist Wasser beim Loswachsen wichtiger als im Erwachsenenalter, wenn die Wurzeln bereits tief im Boden stecken.

Pastinaken finden nach der Aussaat im März erst mal genug Wasser, schlappen über Sommer vielleicht gewaltig, wachsen aber später gut weiter. Bei zu viel Trockenheit können sie holzig werden.

Rote Bete brauchen nach der Keimung genug Wasser, wurzeln später aber sehr tief. Trotz trockenheitsbedingter, langer Wachstumspause waren meine Rüben im Herbst sehr lecker.

Yacons können unglaublich viel Wasser schlucken. Sie speichern es in ihren großen Knollen und zehren lange davon. Die Knollen schmecken geschält am besten und lassen sich lange lagern. Schwarzwurzeln gedeihen auf guten Böden mit ausreichend Wasser am besten, vertragen Trockenzeiten und Hitze aber problemlos. Wenn sie schießen, wird die Wurzel nicht holzig (siehe auch Seite 40).

1

2

Zwiebelgemüse

Zwiebelpflanzen überleben lange Trockenzeiten in ihren Zwiebeln im Boden. Zur Bildung großer Zwiebeln brauchen sie Wasser. Erst, wenn diese dick sind, sollte es trocken werden, damit das Laub gesund abreifen kann.

Küchenzwiebel

Diese flachwurzelnden Steppenbewohner bilden im ersten Sommer Zwiebeln, im zweiten dann Blüten. Sie lieben Sonne, Wärme und viel Luft um sich herum. Auf humosem, gut durchlüftetem Boden bilden sie mit ausreichend Wasser dicke Zwiebeln. Mulch mögen sie nicht so, ein bisschen schadet aber nicht. Sobald das Laub vergilbt, sollte es wegen der drohenden Pilzkrankheiten trocken bleiben. Am einfachsten ist der Anbau mit Steckzwiebeln, die man im März/April steckt. Sobald die Schlotten zu zwei Drittel abgestorben sind, zieht man die Zwiebeln aus dem Boden und lässt sie in der Sonne abtrocknen. Man kann Zwiebeln auch aussäen, dann sät man ab März so früh wie möglich.

__1__ Pastinaken sind zweijährige Gemüse: Im ersten Jahr gibt's leckere Wurzeln, im zweiten hohe Blütenstände. *__2__ Unverletzte Yaconknollen halten monatelang.*

Der Palmkohl 'Nero di Toscana', der Abessinische Kohl oder der Spinatsenf kommen mit Hitze und Trockenheit recht gut klar, wobei sie mit ausreichend Wasser schneller wachsen und besser schmecken.

Das Liegen im kalten Boden schadet Zwiebelsamen nicht, nur das Unkraut rundherum ist ein Problem, denn Zwiebeln keimen langsam und man sieht die winzigen Schlotten anfangs schlecht. Bundzwiebel- und Frühlingszwiebel-Sorten wachsen schneller los als die Sorten für die Zwiebelernte. Die mild schmeckenden, großen Gemüsezwiebeln wachsen langsam. Man zieht sie ab Ende Februar im Haus vor, damit sie über Sommer genug Zeit zum Reifen haben. In milden Gegenden ist der Überwinterungsanbau von Winterzwiebeln möglich.

Knoblauch

Zum Anbau brauchen wir in Mitteleuropa Sorten, die sich in unserem Klima wohlfühlen, die Knollen aus dem Gemüseladen sind nur vielleicht geeignet. Der Echte Knoblauch mit seinen vor der Blüte steil aufrecht stehenden Stängeln mag mehr Wärme als der Schlangenknoblauch mit seinen schlangenförmig verdrehten Stängeln. Von beiden gibt es viele Sorten mit unterschiedlicher Winterhärte und Knollenfarbe. Wärme, Sonne und viel Luft um sich herum lieben sie alle. Auf warmen, durchlässigen, neutralen Böden mit ausreichend Wasser im Mai und Juni wachsen die Mittelzehrer prima. Sobald die Blätter vergilben, sollte es trocken bleiben, damit sich keine Pilzkrankheiten einnisten. In milden Gegenden mit nicht zu feuchten Böden kann man Anfang Oktober stecken. Ich stecke bei mir oben im Schwarzwald ab Februar, meist erst im März, dann können die Zehen über Winter nicht faulen und es darf ruhig kräftig frieren. Sobald die Blätter im Sommer zu einem Drittel vertrocknet sind, ernte ich mit dem Spaten und trockne die Knollen noch ein paar Tage lang in der Sonne, bevor sie ins Lager kommen.

1 Die Fruchthülle dieser lila Tomatillo platzt zur Reife auf. Es gibt auch gelbe und grüne Sorten.
2 Mexikanische Minigurken werden 2 bis 4 cm lang. Von Juni bis Oktober reifen laufend Früchte.

Hülsenfrüchte

Die industrielle Gewinnung von Stickstoffdüngern benötigt sehr viel Energie. Die sogenannten Leguminosen holen mit ihren Knöllchenbakterien den Stickstoff aus der Luft. Sie sollten deshalb in keinem Gemüsebeet fehlen.

Erbse

Ich säe sie möglichst früh, damit ich die Winterfeuchte nutzen kann. Erbsen brauchen bis zur Blüte ausreichend Wasser, danach kommen sie meist ohne Gießen zurecht, da sie recht kräftige Wurzeln bilden. Bei Hitze und Trockenheit bilden sie aber nur wenig Samen, bei Temperaturen über 30 °C setzen sie keine Hülsen an. In den milder werdenden Wintern sind Wintererbsen eine gute Möglichkeit, den trockenen Sommern ein Schnippchen zu schlagen. Man sät sie Mitte Oktober, dann überwintern sie wie Winterroggen. Sie sind nicht komplett winterhart, überleben aber minus 10 °C und mehr in der Regel gut. Ab Mai kann man ernten. Über Winter schmecken die Blätter im Salat übrigens sehr lecker.

Linse

Die zarten Schwachzehrer lieben warmes, trockenes Klima und nährstoffarme Böden. Sie reagieren empfindlich auf zu viel Regen während der Blüte- und Erntezeit. Ausgesät wird Ende April. Damit die Pflanzen nicht umfallen und dann faulen, brauchen sie unbedingt eine Stütze. Als lebende Stütze eignet sich Hafer, den man den Linsensamen zu 30 % beimischt und einfach mit aussät. Im Hausgarten sind natürlich auch leblose Stützen aus Zweigen prima. Ernten kann man ab August. Da jede Hülse nur zwei Körner enthält, beginnt man besser erst gar nicht mit dem Auspulen, sondern tritt in einem Kübel vorsichtig auf den getrockneten Pflanzen

Artischocke und Kardy

Die Frosthärte von Artischocken ist sortenabhängig. Unter einer 15 cm dicken Laubschicht mit Vliesabdeckung überstanden Sorten wie 'Madrigal F1' oder 'Green Globe' –12 °C. Im Sommer lieben die wunderschönen Pflanzen Temperaturen um 20 °C. Hitze und Trockenheit sind kein Problem, die Knospen bleiben dann aber kleiner. Man erntet die Blütenknospen im ersten Jahr ab August, in den weiteren Jahren ab Juni. Die Kardy verträgt mehr Frost als ihre Schwester, die Artischocke. Die zartesten und meisten Blattstiele erntet man bei mild-feuchtem Wetter.

herum, so dass die Körner ausfallen. Später kann man sieben, pusten und reinigen.

Kichererbse
Ein heißer Sommer ist ihr gerade recht. Sie liebt Temperaturen zwischen 18 und 28 °C und wächst mit sehr wenig Wasser, extreme Trockenheit steckt sie weg. Temperaturen unter 18 °C und feuchte Füße mag sie nicht. Für den Anbau besorgt man sich eine Sorte, die früh ausreift, denn man kann mit dem Anbau erst nach den Eisheiligen beginnen. Eine Voranzucht im Haus ist möglich. Kälteeinbrüche kann man mit Vlies mildern. Junge Blätter können in den Salat, junge Schoten eignen sich als Gemüse. Zur Ernte vor dem ersten Frost hängt man die Pflanzen kopfüber zum Trocknen auf.

Fruchtgemüse für warme Ecken

Andenbeeren reifen kaum nach. In kühlen Gegenden werden die meisten Früchte bis zum Herbst nicht reif. Kübelpflanzen holt man zum Ausreifen der Früchte ins Haus. Dort kann man sie auch hell und kühl überwintern.

Ananaskirschen bilden ähnliche, aber kleinere Früchte als Andenbeeren. Die Beeren reifen auch in kühlen Gegenden schnell genug. Wetterkapriolen vertragen die Pflanzen gut. Unreife Andenbeeren sind noch giftig. Tomatillos sind Fremdbefruchter, daher braucht man zwei Pflanzen. Ein Stab zum Anbinden ist vorteilhaft. Man kann die zurückgeschnittenen Pflanzen bei 10 °C hell überwintern. Roh schmecken die Früchte nicht, man nimmt sie zum Kochen mexikanischer Gerichte. Mexikanische Minigurken klettern 3 m hoch. Man erntet die winzigen Gurken sehr jung. Die Wurzelknollen kann man frostfrei überwintern und Mitte Mai wieder pflanzen.

1

2

***2** Linsen brauchen etwa 40 cm hohe Stützen, an denen sie sich mit ihren Ranken festkrallen und aufrecht halten können. **2** Blühende Artischocken sind eine Zierde im Beet, gegessenen werden die geschlossenen „Köpfe“.*

JANUAR

*Ein alter Garten ist immer beseelt.
Der seelenloseste Garten braucht nur zu
verwildern, um sich zu beseelen.*

Hugo von Hoffmannsthal

Notizen

1 FR

PFLANZZEIT

NEUJAHR

mm

°C max

°C min

2 SA

PFLANZZEIT

ab 6.00

bis 4.30

ab 7.30

mm

°C max

°C min

3 SO

PFLANZZEIT

ab 19.00

bis 17.30

ab 20.30

mm

°C max

°C min

MO 4

mm
°C max
°C min

PFLANZZEIT

DI 5

mm
°C max
°C min

Pflanzzeit bis 21.46 Uhr

PFLANZZEIT

MI 6

mm
°C max
°C min

HEILIGE DREI KÖNIGE

ab 8.00
bis 6.30
ab 9.30

DO 7

21.24
Ag 9.11

mm
°C max
°C min

(außer 7.15 bis 12.15)

FR 8

mm
°C max
°C min

ab 21.00
bis 19.30
ab 22.30

SA 9

mm
°C max
°C min

SO 10

☊ 16.58

mm
°C max
°C min

(außer 15.00 bis 19.00)

11 MO	ab 5.00 bis 3.30 ab 6.30	mm °C max °C min
12 DI		mm °C max °C min
13 MI	ab 6.00 bis 4.30 ab 7.30	mm °C max °C min
14 DO		mm °C max °C min
15 FR 21.35		mm °C max °C min
16 SA	ab 5.00 bis 3.30 ab 6.30	mm °C max °C min
17 SO	ab 23.00 bis 21.30 –	mm °C max °C min

MO 18

mm
°C max
°C min

ab 0.30

DI 19

mm
°C max
°C min

MI 20

mm
°C max
°C min

ab 10.00
bis 8.30
ab 11.30

DO 21

mm
°C max
°C min

Pflanzzeit ab 0.16 Uhr

bis 11.00

Pg 22.49

PFLANZZEIT

FR 22

mm
°C max
°C min

ab 6.00
ab 11.00

13.17

PFLANZZEIT

SA 23

mm
°C max
°C min

ab 15.00
bis 13.30
ab 20.30

☋ 18.26

PFLANZZEIT

SO 24

mm
°C max
°C min

PFLANZZEIT

25 MO	PFLANZZEIT	bis 23.30	mm · °C max · °C min
26 DI	PFLANZZEIT	ab 1.00 ab 2.30	mm · °C max · °C min
27 MI	PFLANZZEIT		mm · °C max · °C min
28 DO	PFLANZZEIT		mm · °C max · °C min
29 FR 11.56	PFLANZZEIT	ab 13.00 bis 11.30 ab 14.30	mm · °C max · °C min
30 SA	PFLANZZEIT		mm · °C max · °C min
31 SO	PFLANZZEIT	ab 2.00 bis 0.30 ab 3.30	mm · °C max · °C min

ALLGEMEINE ARBEITEN

Kompost pflegen

Wenn der Kompost nicht durchgefroren ist, kann er nun gut umgesetzt werden. Durch die frische Sauerstoffzufuhr wird die Rotte umso schneller voranschreiten, sobald es wärmer wird. Im Idealfall werden bei der Gelegenheit auch gleich feine Anteile ausgesiebt und auf den Staudenbeeten verteilt, bevor die Pflanzen wieder austreiben.

Hände doppelt schützen

Gartenhandschuhe sind in der Regel nicht gefüttert. Wenn im Winter draußen Arbeiten anliegen, können die Hände deshalb schnell frieren. Eine einfache Lösung des Problems besteht darin, dünne Unterziehhandschuhe, die es aus Seide oder aber auch aus Kunstfasern gibt, zusätzlich zu den Arbeitshandschuhen zu tragen. Je nach Bedarf machen sie sich unter wasserdichten Nitrilhandschuhen ebenso gut wie unter Lederhandschuhen für schwere Arbeiten.

1 Wer im Winter den Kompost umsetzt, kann ihn im Frühjahr schon nutzen. ***2*** *Doppelt hält besser, wenn die Hände frieren.*

NUTZGARTEN

Gemüse

Haltbarkeit von Sämereien

Wer jetzt seine Saatgutvorräte durchsieht, fragt sich vielleicht, was davon noch brauchbar ist. Einige Sämereien sind nach 2 Jahren nicht mehr keimfähig. Andere – wie z. B. Kohlsamen – halten bis zu 10 Jahre, wenn sie trocken, kühl und dunkel gelagert werden.

GEMÜSEART	HALTBARKEIT
Pastinaken	1–3 Jahre
Lauch / Zwiebel	1–3 Jahre
Schwarzwurzel	2–3 Jahre
Mais	3–4 Jahre
Rauke / Rucola	3–4 Jahre
Sellerie	3–4 Jahre
Spinat	3–4 Jahre
Möhren / Karotten	3–4 Jahre
Erbsen / Bohnen / Linsen	4–5 Jahre
Salat / Endivie / Feldsalat	4–5 Jahre
Mangold / Rote Bete	4–5 Jahre
Paprika / Chili	4–5 Jahre
Radieschen / Rettiche	4–5 Jahre
Gurken / Melonen	> 5 Jahre
Tomaten	> 5 Jahre
Kürbis / Zucchini	> 5 Jahre
Kohlsorten	> 5 Jahre

Gemüsebeete planen

Der ruhige Januar ist gut geeignet, um die Anlage von Gemüsebeeten zu planen. Dafür sollte ein möglichst sonniger Platz im Garten ausgewählt werden. Um einen regelmäßigen Fruchtwechsel zu

Wer mehr Beete hat, kann seine Kulturen rotieren lassen.

ermöglichen und damit die Ausbreitung von Krankheiten zu reduzieren, sollte man vier verschieden bepflanzte Beete vorsehen. Diese rotieren dann über die Jahre. Die ideale Breite für ein Gemüsebeet liegt bei 120 cm – so kann man von beiden Seiten aus gut daran arbeiten, ohne es betreten zu müssen. Wer sehr groß und gelenkig ist, kommt auch mit 140 cm zurecht. Die Wege zwischen den Beeten sollten mindestens 30 cm breit sein, mehr Platz ist bequemer. Es ist hilfreich, sich jedes Jahr die Bepflanzung der Beete zu notieren oder Fotos davon zu machen.

Solche Früchte sollten nicht im Garten verbleiben.

Obst

Verschrumpelte Früchte entfernen

Wenn das Laub gefallen ist, kann man sehr gut erkennen, ob in Apfel-, Quitten- oder Birnenbäumen noch schrumpelige schwarzbraune Früchte hängen. Dabei handelt es sich um sogenannte Mumien. Diese sollten nun entfernt werden, denn sie beherbergen häufig Pilzsporen der Pflanzenkrankheiten Spitzendürre oder Fruchtfäule bzw. die Erreger des Apfelschorfes. Bleiben sie im Garten, können sie im Frühjahr wieder die Pflanzen infizieren. Entfernte Mumien sollen deshalb auch nicht auf dem Kompost, sondern im Hausmüll oder der Biotonne entsorgt werden.

ZIERGARTEN

Sträucher & Bäume

Wildwuchs bekämpfen

Wenn sommergrüne Sträucher ihre Blätter verloren haben, lassen sich Wildtriebe, die aus den Hauptwurzeln der Pflanzen austreiben, besonders gut erkennen. Das ist oft bei Flieder und Korkenzieherhasel der Fall. Auch bei Obstbäumen treibt die Unterlage bisweilen kräftig aus. Der Januar ist eine gute Zeit, um unerwünschte Wildtriebe auszureißen. Damit entfernt man zugleich auch schlafende Augen. Wurzelausläufer bildende Gehölze wie Holunder, Brombeere, Sanddorn oder Schlehe werden jetzt eingehegt, indem die Ausläufer mit dem Spaten ausgestochen werden.

Rosen

Ausgedienten Weihnachtsbaum nutzen

Der Weihnachtsbaum kann in den kalten Wintermonaten noch als Schutz für empfindliche Pflanzen wie Rosen genutzt werden. Dafür trennt man die Zweige am Stamm ab und deckt damit den Wurzelbereich und die Veredelungsstelle ab.

BALKON & TERRASSE

Pflege der Wintergrünen

Immergrüne Pflanzen schmücken Balkon und Terrasse über das ganze Jahr. Das können kleine Koniferen sein, aber auch der Buchsbaum ist für die Bepflanzung von Kübeln sehr beliebt. Efeu ist ebenfalls komplett winterhart und sorgt als Kletter- oder Hängepflanze für die Begrünung von Wänden oder Geländern. Auch der Lavendel mit seinem silbrig-grünen Laub schmückt den winterlichen Balkon.

Pflanzen, die im Winter Balkon und Terrasse zieren, leiden oft mehr unter Trockenheit als unter der Kälte. Denken Sie daran, an frostfreien Tagen regelmäßig zu gießen! Braune oder vertrocknete Pflanzenteile sollten beseitigt werden, damit sich in längeren Phasen feuchter Witterung keine Fäulnis daran bildet.

GEWÄCHSHAUS & FRÜHBEET

Lüften und aufräumen

Dass ein beheiztes Gewächshaus regelmäßig belüftet werden sollte, damit es darin nicht zu feucht wird und die Pflanzen frische Luft bekommen, ist klar. Aber auch die Luft im ungeheizten Glashaus sollte öfter einmal erneuert werden, damit sich keine Keime oder Pilzsporen ausbreiten. Ein nicht allzu kalter Januartag ist zudem günstig, um im Gewächshaus einmal aufzuräumen. Sind noch alle Pflanzgefäße und Werkzeuge, die dort lagern brauchbar? Muss Neues angeschafft werden? Sind die Beete geräumt oder liegen noch Pflanzenreste herum? Gibt es unerwünschten Wildwuchs, der sich aussamen könnte?

Igel mit Hungerlinie hinterm Kopf

TIERE IM GARTEN

Igel in Not

Wenn Igel im Winter tagsüber im Garten gesichtet werden, haben sie ein Problem. Meist sind sie krank oder unterernährt. Letzteres erkennt man an einer Einbuchtung hinter dem Kopf, der sogenannten „Hungerlinie". Gut genährte Igel haben hingegen eine rundliche Rückenform. Wer einen hilfsbedürftigen Igel findet, sollte sich an den örtlichen Tierschutzverein oder eine Tierarztpraxis wenden. Ein Foto von dem Tier ist dabei nützlich. Keinesfalls sollte man den kranken Igel ohne fachlichen Rat ins Haus holen.

Welche Gefäße und Topfgrößen sind für Kräuter ideal?

Von Lisana Hartl

Kräuter brauchen zwar weniger Platz als Gemüse, aber es gibt hier wichtige Faustregeln. Ich achte darauf, Kräuter und Gemüse mit ähnlichem Wasser- und Lichtbedarf zusammen zu pflanzen. In den folgenden Beispielen passt jeweils eine der aufgezählten Kräuterarten in den Topf.

Kleiner Topf

Mit etwa 15 bis 20 cm Durchmesser und ca. 2 bis 3 Liter Erde: Basilikum, Bärlauch, Bohnenkraut, Currykaut, Dill, Jungfer im Grünen, Kamille, Kerbel, Majoran, Olivenkraut, Oregano, Petersilie, Ringelblume, Rucola, Schnittlauch, Stevia, Thymian, Veilchen, Waldmeister.

Mittlerer Topf

Mit etwa 20 bis 25 cm Durchmesser und ca. 3 bis 5 Liter Erde: Estragon, Frühlings- & Winterheckenzwiebel, Koriander, Kümmel, Malve, Minze, Petersilie, Salbei, Sauerampfer, Shiso, Ysop, Zitronenmelisse, Zitronenverbene.

Großer Topf

Mit etwa 25 bis 30 cm Durchmesser und ca. 6 bis 8 Liter Erde: Anis-Ysop, Baldrian, Borretsch, Fenchel, Lavendel, Lorbeer, Monarde, Kapuzinerkresse (kann auch den Topf runter- oder hochranken), Lemongras, Liebstöckel, Rosmarin, Wermut, Zistrose.

Geeignetes Material: Vor- und Nachteile

Bei der Auswahl der Töpfe kommt es darauf an, was für den Balkon gut passt und gefällt. Besonders wichtig ist es, das Gewicht im Blick zu behalten, daher sind schwere Beton- und Keramiktöpfe weniger geeignet. Ich mag die Mischung aus Tontöpfen und Holz.

Ton

Tontöpfe sind atmungsaktiv, schützen vor Staunässe und fördern gesundes Wurzelwachstum. Allerdings sind sie schwer und bruchanfällig, trocknen schnell aus und die Bepflanzung muss häufiger gegossen werden.

Holz

Holzkisten wirken natürlicher und sind nachhaltiger als beispielsweise solche aus Plastik. Das Material

Auf Balkon & Terrasse kann man je nach Pflanzenbedürfnissen unterschiedliche Topfmaterialen verwenden.

Mischkultur mit Tomate, Schnittlauch, Basilikum, Tagetes und Ringelblume.

sorgt für eine gute Belüftung der Bepflanzung, verrottet jedoch schneller und benötigt Pflege.

Plastik
Plastiktöpfe sind leicht und bei guter Qualität lange haltbar. Außerdem halten sie gut die Feuchtigkeit, sind aber weniger atmungsaktiv und nicht so umweltfreundlich.

Filz oder Vlies
Diese Töpfe sind leicht, durchlässig und fördern das Wurzelwachstum. Allerdings ist das Material wetteranfällig.

Zink
Zinktöpfe sind robust und langlebig. Aber sie überhitzen schnell und sind meist teuer. Günstige Exemplare kann man oft auf Flohmärkten finden.

Korbgeflecht
Die Töpfe wirken sehr dekorativ. Zudem sind sie leicht und bieten eine gute Belüftung für die Bepflanzung, gleichzeitig jedoch wenig Schutz vor Austrocknung. Das Material ist nicht so langlebig.

Den Platz im Topf richtig nutzen

Mit einer geschickten Anordnung von Kräutern lässt sich der Platz in Topf und Kübel bestmöglich nutzen. Zugleich kann man wunderschöne Kombinationen kreieren.

Von hoch zu niedrig
Zitronenverbene und Malve können sehr hoch wachsen. Damit diese großen Kräuter den kleinen nicht das Licht wegnehmen, pflanzt man sie am besten hinten in den Topf: von hinten nach vorne immer niedriger werdend (als Hilfe am besten die maximale Größe der Kräuter vorher in Katalogen anschauen). Bei Töpfen, die von allen Seiten Licht bekommen, pflanze ich auch gerne eine hohe Pflanze in die Mitte und kleinere drumherum.

Bodendecker & Füllpflanzen
Wenn Lücken in den Töpfen zwischen den Pflanzen bestehen, fülle ich sie gerne mit niedrig wachsenden Kräutern oder essbaren Blumen auf. Sie wirken dann durch den Schatten, den sie spenden, wie eine Art lebende Mulchschicht und helfen dabei, dass die Erde nicht so schnell austrocknet. Besonders gerne pflanze ich als Lückenfüller Ringelblumen, Kapuzinerkresse und Veilchen. Auch Basilikum und Petersilie zwischen und unter Tomaten, Zucchini und Auberginen sind tolle Füllpflanzen.

Hängend & kletternd
Man kann nicht nur den Platz im Beet nutzen, sondern auch außerhalb. Es gibt ein paar Kräuter und Gemüse, die gut an einer Wand oder Rankhilfe hochklettern können, oder die am Rand gepflanzt, den Topf herunterhängen. Hier gibt es schöne Sorten von rankendem Rosmarin, Kaskadenthymian oder Kapuzinerkresse.

Kräuter & Gemüse kombinieren
Besonders gerne mag ich die Mischkultur aus Gemüse und Kräutern. Es gibt so viele tolle Kombinationen, in denen sich Kräuter und Gemüsepflanzen positiv unterstützen. Entweder indem sie Nährstoffe austauschen, Nützlinge anlocken oder Schädlinge vertreiben.

FEBRUAR

In jeder Blüte steckt die Schönheit der Welt. Schau genau hin.

Asiatische Weisheit

FEBRUAR

WOCHE 5 — SONNENAUFGANG 7.57 | SONNENUNTERGANG 17.20

1 MO

PFLANZZEIT

°C max
°C min
mm

2 DI

Aufst. Merkurknoten 17.00

PFLANZZEIT

ab 14.00
bis 11.00
ab 23.00

MARIÄ LICHTMESS

Pflanzzeit bis 3.38 Uhr

mm
°C max
°C min

3 MI

Ag 14.31

(außer 12.30 bis 17.30)

mm
°C max
°C min

4 DO

WEIBERFASTNACHT

mm
°C max
°C min

5 FR

ab 3.00
bis 1.30
ab 4.30

mm
°C max
°C min

6 SA

16.56
☊ 22.44

bis 20.45

RINGFÖRMIGE SONNENFINSTERNIS
Sichtbarkeitsgebiet: Südamerika, westliches und südliches Afrika, Antarktis. Ringförmig in Chile, Argentinien, Atlantik.
Anfang: 13.57 Uhr MEZ
Maximum (größte Phase): 16.59 Uhr MEZ
Ende: 20.01 Uhr MEZ

mm
°C max
°C min

7 SO

ab 11.00
ab 0.45 bis 9.30
ab 12.30

mm
°C max
°C min

MO 8

ROSENMONTAG

mm
°C max
°C min

PFLANZZEIT

DI 9

FASTNACHT

mm
°C max
°C min

ab 12.00
bis 10.30
ab 13.30

PFLANZZEIT

MI 10

ASCHERMITTWOCH

mm
°C max
°C min

PFLANZZEIT

DO 11

mm
°C max
°C min

PFLANZZEIT

FR 12

mm
°C max
°C min

ab 11.00
bis 9.30
ab 12.30

PFLANZZEIT

SA 13

mm
°C max
°C min

PFLANZZEIT

SO 14

VALENTINSTAG

8.59

mm
°C max
°C min

ab 6.00
bis 4.30
ab 7.30

PFLANZZEIT

15 MO

16 DI — PFLANZEIT
ab 19.00
bis 17.30
ab 20.30

Pflanzzeit ab 9.00 Uhr

17 MI — PFLANZZEIT

18 DO — PFLANZZEIT
ab 17.00
bis 15.30
ab 18.30 bis 20.30

19 FR — PFLANZZEIT
Pg 8.30
ab 20.30

20 SA — PFLANZZEIT
☋ 5.40
ab 3.00
bis 1.30
ab 7.45

HALBSCHATTEN-MONDFINSTERNIS
In Europa sichtbar.
Sichtbarkeitsgebiet: Europa, Asien, Nord-, West-Australien, Afrika, Nordamerika, Südamerika, Pazifik, Atlantik, Indischer Ozean, Arktis, Antarktis
Halbschatten: 22.12 Uhr MEZ

21 SO — PFLANZZEIT
0.24

HALBSCHATTEN-MONDFINSTERNIS
In Europa sichtbar.
Sichtbarkeitsgebiet: Europa, Asien, Nord-, West-Australien, Afrika, Nordamerika, Südamerika, Pazifik, Atlantik, Indischer Ozean, Arktis, Antarktis
Maximale Verdunklung: 0.13 Uhr MEZ
Austritt aus Halbschatten: 2.13 Uhr MEZ

mm °C max °C min

MO 22

mm
°C max
°C min

ab 12.00
bis 10.30
ab 13.30
PFLANZZEIT

DI 23

mm
°C max
°C min

PFLANZZEIT

MI 24

mm
°C max
°C min

PFLANZZEIT

DO 25

mm
°C max
°C min

ab 21.00
bis 19.30
ab 22.30
PFLANZZEIT

FR 26

mm
°C max
°C min

PFLANZZEIT

SA 27

mm
°C max
°C min

ab 9.00
bis 7.30
ab 10.30
PFLANZZEIT

SO 28

6.17

mm
°C max
°C min

PFLANZZEIT

NUTZGARTEN

Gemüse

Gesundes Mikrogemüse

In einer Zeit, in der die Auswahl an frischem Gartengemüse klein ist, können Keimsprossen eine leckere und gesunde Ergänzung des Speiseplans darstellen. Grundsätzlich können alle Gemüsearten, die roh verträglich sind, auch als Keimlinge verzehrt werden.

Für den Rohverzehr bewährt haben sich vor allem die Sprossen von verschiedenen Kohlarten – die eher mild-aromatisch schmecken – sowie von Rettich, Kresse und Rauke – die eher scharf sind. Keimlinge von Hülsenfrüchten wie Kichererbsen, Mungbohnen oder Linsen werden kurz gegart, um besser verträglich zu sein. Sie machen sich gut in einer gemischten Gemüsepfanne.

Bei allen Arten ist gute Hygiene wichtig. Zweimal täglich sollten die Keimlinge mit frischem Wasser gespült werden. Wer das Keimen von Gemüsesaaten erst einmal ausprobieren möchte, muss nicht in teures Equipment investieren. Für den Anfang tut es ein größeres Einmachglas. Über die Öffnung wird ein Stück Gaze bzw. Mückenschutznetz gezogen und mit einem Gummi befestigt.

Süßkartoffeln selber vorziehen

Süßkartoffeln kann man mittlerweile als fertige Jungpflanzen im Gartenhandel kaufen. Günstiger ist es, selbst Jungpflanzen aus Stecklingen zu ziehen. Zur Stecklingsgewinnung gibt es zwei Methoden:

Vitaminreiche Keimsprossen sind leicht herangezogen und bereichern die Küche.

1 Mit einem Stück Fliegengitter als Siebersatz lassen sich einfache Gläser gut zum Keimen nutzen. 2 Die Triebe der Süßkartoffel bilden rasch kleine Blättchen. 3 Stücke mit Triebansatz kommen in ein Substrat zum Anwachsen.

Entweder Sie legen ab Februar Knollen auf ein Substrat, das Sie feucht halten, und stellen das Ganze in einen warmen Raum. Oder aber Sie halbieren die Knollen und spießen sie so auf drei Zahnstocher, dass sie ca. 1 bis 2 cm tief in ein Wasserglas hängen können. Auch hier ist ein warmer Raum hilfreich.

Anschließend heißt es, Geduld haben und abwarten, bis sich Triebe aus den Knollen entwickeln. Wenn diese ca. 5 cm lang sind, können sie ausgeschnitten und in 10-cm-Töpfe mit feuchter Erde gesetzt werden. Ziehen Sie eine Plastiktüte über den Topf und schließen Sie diese mit einem Gummi am Rand luftdicht ab. Unter dieser feuchten Atmosphäre wachsen die Triebe leichter an und bilden Wurzeln.

Nach einigen Tagen werden Sie bemerken, dass die Triebe zu wachsen beginnen. Sie können die Tüte nun abnehmen. Achten Sie anfangs darauf, dass die Erde nicht austrocknet. Nach den Eisheiligen können Sie die selbst gezogenen Pflanzen nach draußen setzen.

Obst

Wachstumsfördernder Schnitt

Apfel-, Birnen- und Quittenbäume können sowohl im Winter wie im Sommer geschnitten werden.
Der Zeitpunkt wirkt sich auf das weitere Wachstum des Baumes aus. Der Winterschnitt ist wachstumsfördernd, der Schnitt im Sommer erhält eher die Statur des Baumes. Ein Vorteil des Winterschnitts ist, dass man die einzelnen Äste und Zweige besser übersehen kann. Ideal sind frostfreie Tage im Februar. Grundsätzlich sollte nicht mehr als 20 % des Holzes weggeschnitten werden, da der Baum sonst mit überstarkem Wachstum reagiert. Jungbäume vertragen einen stärkeren Schnitt, ältere Bäume sollten eher behutsam ausgelichtet werden.
Zu dicht nebeneinander wachsende Zweige können ebenso entfernt werden wie solche, die nach innen wachsen. Auch Wasserschosser, die steil nach oben zeigen, werden weggenommen.
Nach dem Schnitt sollte eine Mittelachse erkennbar sein, die den höchsten Punkt in der Krone bildet. Drumherum verteilen sich drei bis fünf Leitäste, die idealerweise im Winkel von etwa 45° am Stamm ansetzen und ein Stück unter dem Mitteltrieb enden.

Kräuter

Wildwachsende Vitamin-C-Bombe

Das Scharbockskraut ist eine mehrjährige Wildpflanze. Es treibt im Spätwinter und Frühjahr aus. Man findet es in Wäldern und Parks, aber auch an feuchten oder schattigen Stellen im Garten. Essbar sind die jungen Blätter, die reichlich Vitamin C enthalten. In früheren Jahren verzehrte man diese zur Vorbeugung von Skorbut, einer Vitamin-C-Mangelerkrankung, auch Scharbock genannt. Nachdem die Pflanzen ihre hübschen gelben Blüten ausgebildet haben, sind sie unverträglich und sollen nicht mehr gegessen werden.
Dort, wo es dem Scharbockskraut gefällt, bildet es dichte Teppiche. Es spricht nichts dagegen, es auch im Garten wachsen zu lassen. Die gelben Blüten sind eine hübsche frühe Insektenweide. Und mit Ende des Frühjahrs verschwindet die Pflanze wieder von der Oberfläche und zieht sich in ihre Knollen zurück.

Achtung: Scharbockskraut nur vor der Blüte nutzen!

ZIERGARTEN

Stauden

Vorsicht Wechselwetter

Im Februar kann es bei zunehmender Sonneneinstrahlung schon einzelne warme Tage geben. Einige Stauden nehmen das als Signal, jetzt mit dem Austrieb zu beginnen. Wenn dann noch einmal harter Frost kommt, frieren junge Triebe schnell kaputt. Um solche Schäden zu vermeiden, kann man die Pflanzen mit Vlies oder Jute abdecken.

Sommerblumen

Planung nach Blütezeit und Höhe

Einjährige Sommerblumen sind ideal, um Lücken im Staudenbeet zu füllen, bunte Farbakzente zu setzen und eine gute Auswahl an Schnittblumen zu haben. Es lohnt deshalb, den Einsatz der Einjährigen gut zu planen: Wo soll was wachsen? Ist eine zeitige Blüte gefragt oder sollen die Sommerblumen z. B. den Platz von Frühblühern bzw. Zwiebelblumen einnehmen? Wie hoch wird die Blume wachsen? Verdeckt sie gar die dahinter stehenden Stauden?

Sträucher & Bäume

Was jetzt schon blüht

Kornelkirsche *(Cornus mas)*, Zieraprikose *(Prunus mume)* oder Zaubernuss *(Hamamelis)* blühen bereits im Februar. Besonders schön sieht es aus, wenn diese mit frühblühenden Zwiebelblumen wie Winterling, Krokus oder Schneeglöckchen unterpflanzt werden.

GEWÄCHSHAUS & FRÜHBEET

Aussaaten vorbereiten

Gegen Monatsende oder spätestens im März kann mit der Aussaat auch im ungeheizten Gewächshaus begonnen werden. Wer sich jetzt schon darum kümmert, die Aussaatgefäße zu reinigen, kann dann flott durchstarten. Verbrauchte Erde darf auf den Gartenbeeten verteilt werden. Die Schalen und Töpfe werden mit einer Bürste grob gereinigt. Nur wo sichtlich Schimmelbefall erkennbar ist, sollten sie auch mit Essigwasser ausgespült werden. Anschließend wird das für die Aussaat vorgesehene Substrat eingefüllt. So kann es schon einmal temperieren und sich etwas setzen.

Im zeitigen Frühjahr erfreuen noch nicht viele Pflanzen mit ihren Blüten. Mit dabei ist bei den Gehölzen die orange leuchtende Hamamelis und am Boden der in Weiß, Gelb oder Violett blühende Krokus.

Yacon im Garten anbauen

Von Ortrud Grieb

Dies ist eines der Gartenbeete, die über Sommer fast keine Arbeit machen. Die großen dahlienähnlichen Knollen von Yacon sind weich und schmecken süß wie Obst. Geschält esse ich sie als Rohkost zusammen mit Möhren und Mandeln vor den Mahlzeiten, oder ich schnipple sie in Obstsalate. Bei Kindern sind sie sehr beliebt. Wer Yacon im Garten anbaut, braucht nach der Ernte im Herbst einen kühlen Keller zum Überwintern.

Gute Beetpartner für Yacon

Bei mir klappt die Mischkultur mit Melde, Riesen-Gänsefuß, Kohlrabi, Roter Bete, Salaten, Borretsch und Puffbohne prima. Auch Rucola wächst neben Yacon sehr gut.

Gartenmelde: Es gibt sie in Grün, Gelb, Rot und Lila. Es sieht wunderschön aus, wenn man sie alle hat, die Grüne wächst aber am besten. Die dicken, jungen Blätter eignen sich für Spinat und Salate. Ich schneide die Pflanzen immer wieder zurück, dann treiben sie neu durch. Sobald sie blühen, schmecken die Blätter nicht mehr, die mannshohen Pflanzen bilden dann aber Tausende von Samen.

Riesen-Gänsefuß: Man erntet und behandelt die Pflanzen genauso wie die Gartenmelde. Wer Melde und Gänsefuß aussamen lässt, findet später überall im Garten Sämlinge. Die Sämlinge des Riesen-Gänsefußes erkennt man leicht an ihrer violetten Mitte.

Schnitt- und Pflücksalate: Die Schnittsalate sät man eng und schneidet sie, wenn sie etwa 12 cm hoch sind, in 2 bis 3 cm Höhe ab. Sie treiben dann noch zwei- bis dreimal durch. Beste Erfahrungen habe ich mit der bunten Schnittsalatmischung von Dreschflegel gemacht, die man auch als Pflücksalat

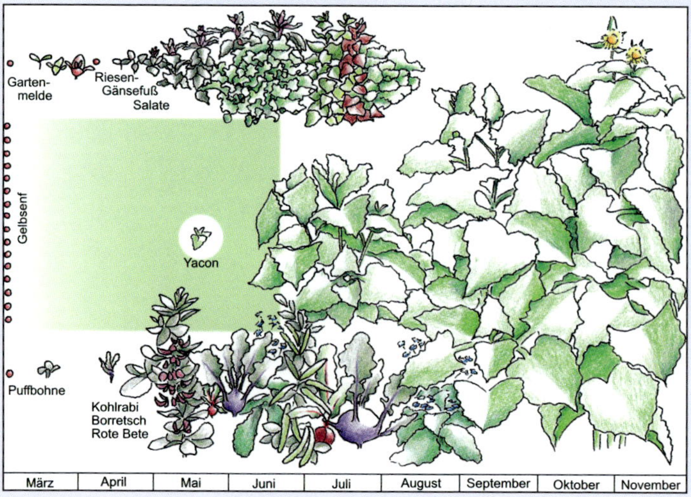

Beetplan von März bis November

Pflanzenliste

- Yacon
- Borretsch
- Gartenmelde
- Kohlrabi
- Puffbohne
- Riesen-Gänsefuß
- Rote Bete
- Schnitt- und Pflücksalate

1 Neben den Yacons wachsen Kohlrabi und Salat, die geerntet werden, wenn die Yacons Platz brauchen. 2 Riesen-Gänsefuß

nutzen kann. Die Pflücksalate sät man weiter auseinander und pflückt die äußeren Blätter ab. Man kann sie auch auf 20 bis 30 cm vereinzeln und sie zu offenen Köpfen heranwachsen lassen, die man dann als Kopf schneidet.

Borretsch: Die blauen Blüten begeistern mich immer von Neuem und schmecken super. Einmal etabliert, tragen die Ameisen die großen Samen überall hin, so dass man beim Jäten nur noch lenkend eingreifen muss.

Was mache ich wann im Beet?

März: Ich ziehe den Mulch zur Seite und ernte den Grünkohl bald ab. 15 cm entfernt vom Rand säe ich in ein Drittel der Reihe farbige Gartenmelde. 25 cm entfernt vom anderen Rand säe ich frühe Puffbohnen im Abstand von 80 cm. Zwischen den beiden Reihen bringe ich 2 cm dick Kompost aus, säe breitwürfig Gelbsenf (grüne Fläche in der Zeichnung) und beriesele alles leicht mit feinem Mulch, damit der Kompost vor Austrocknung geschützt ist.

April: Ich säe in den Rest der Melden-Reihe den Riesen-Gänsefuß sowie Schnitt- und Pflücksalate. In der Puffbohnen-Reihe pflanze ich immer zwischen zwei Puffbohnen einen frühen Kohlrabi. In die Lücken zwischen Kohlrabi und Puffbohnen säe ich entweder zwei Borretschsamen oder fünf bis sechs Rote-Bete-Samen mit 4 cm Abstand.

Mitte Mai: Ich hacke den Senf samt Beikraut, lasse alles vertrocknen, ziehe es etwas zur Seite und hole die Yacon-Pflanzen aus dem Keller. In der Mitte des Beetes pflanze ich sie mit 60 cm Abstand. Erste, zarte Blätter der Gartenmelde sind schnittreif. Ich mulche alles, besonders die Yacons.

Juni/Juli: Ich ernte Puffbohnen, Melde, Gänsefuß, Borretsch und Kohlrabis, wenn es zu eng wird. Die Rote Bete essen wir mit 4 cm Durchmesser.

Oktober/November: Wenn die oberen Blätter der Yacons schwarz gefroren sind, schneide ich die Stängel ab und hole die Knollen aus dem Boden. Große, längliche Knollen ernte ich in Kisten, damit ich sie in der Küche zubereiten kann. Die kleinen, knubbeligen Knollen an den Stängeln schlage ich mit etwas Erde oder Sand ein und stelle sie zum Überwintern in den kühlen Lagerkeller.

MÄRZ

Wer einen Garten pflanzt, glaubt an morgen.

Elisabeth von Thadden

MÄRZ

WOCHE 9 SONNENAUFGANG 7.07 | SONNENUNTERGANG 18.08

Tag		Pflanzzeit / Mondzeichen	Notizen	Wetter
1 MO		PFLANZZEIT ab 21.00 bis 19.30 ab 22.30	Pflanzzeit bis 10.42 Uhr	mm °C max °C min
2 DI	Ag 14.43			mm °C max °C min
3 MI	Ag 6.41	(außer 4.45 bis 9.45)		mm °C max °C min
4 DO		ab 10.00 bis 8.30 ab 11.30		mm °C max °C min
5 FR				mm °C max °C min
6 SA	☊ 5.41	ab 18.00 bis 16.30 (außer 3.45 bis 7.45) ab 19.30		mm °C max °C min
7 SO				mm °C max °C min

MO 8

INTERNATIONALER FRAUENTAG

mm
°C max
°C min

ab 18.00
bis 16.30
ab 19.30

10.30

DI 9

mm
°C max
°C min

☋ 5.39

MI 10

mm
°C max
°C min

DO 11

mm
°C max
°C min

ab 17.00
bis 15.30
—

Aufst. Merkurknoten 23.00

FR 12

mm
°C max
°C min

ab 5.00

SA 13

mm
°C max
°C min

ab 11.00
bis 1.00
—

Abst. Venusknoten 13.00

SO 14

mm
°C max
°C min

ab 1.00

Tag		Pflanzzeit	Notizen	Wetter
15 MO	17.25	PFLANZZEIT	Pflanzzeit ab 15.15 Uhr	mm, °C max, °C min
16 DI		PFLANZZEIT: ab 2.00; bis 0.30; ab 3.30		mm, °C max, °C min
17 MI		PFLANZZEIT: bis 23.30		mm, °C max, °C min
18 DO		PFLANZZEIT: ab 1.00; ab 2.30 bis 17.30		mm, °C max, °C min
19 FR	Pg 5.31, ☋ 14.05	PFLANZZEIT: ab 12.00; —; ab 17.30	**JOSEFSTAG**	mm, °C max, °C min
20 SA		PFLANZZEIT	**FRÜHLINGSANFANG**	mm, °C max, °C min
21 SO		PFLANZZEIT: ab 22.00; bis 20.30; ab 23.30	**PALMSONNTAG**	mm, °C max, °C min

MO 22
11.04
PFLANZZEIT
mm
°C max
°C min

DI 23
PFLANZZEIT
mm
°C max
°C min

MI 24
PFLANZZEIT
mm
°C max
°C min

DO 25
GRÜNDONNERSTAG
ab 7.00
bis 5.30
ab 8.30
PFLANZZEIT
mm
°C max
°C min

FR 26
KARFREITAG
ab 18.00
bis 16.30
ab 19.30
PFLANZZEIT
mm
°C max
°C min

SA 27
KARSAMSTAG
PFLANZZEIT
mm
°C max
°C min

SO 28
OSTERSONNTAG

BEGINN DER SOMMERZEIT
Uhren um 2.00 Uhr auf 3.00 Uhr vorstellen

Pflanzzeit bis 19.43 Uhr
PFLANZZEIT
mm
°C max
°C min

29 MO	ab 6.00 bis 4.30 ab 7.30	OSTERMONTAG mm °C max °C min
30 DI 2.54 Aufst. Merkurknoten 17.00	(außer 11.00 bis 23.00)	mm °C max °C min
31 MI Ag 3.33	ab 19.00 bis 17.30 (außer 1.30 bis 6.30) ab 20.30	mm °C max °C min

Notizen

ALLGEMEINE ARBEITEN

Mulch entfernen

Von Vegetation nicht bedeckte Flächen im Ziergarten oder Gemüsebeet mit Mulch zu schützen, ist eine gute Idee. Nun ist es an der Zeit, den Winterschutz zu entfernen, damit sich der Boden schneller erwärmen kann. Das als Mulchschicht verwendete organische Material kann sich auf dem Komposthaufen weiter zersetzen.
Achten Sie beim Abräumen des Materials darauf, ob sich Schneckeneier darunter befinden. Man erkennt sie als kleine weiße Kugeln. Sie können auf einer offenen Stelle im Garten ausgelegt werden, hungrige Vögel bedienen sich gerne daran.

NUTZGARTEN

Gemüse

Endspurt für Schwarzwurzeln

Schwarzwurzeln sind ein wohlschmeckendes und gesundes Wintergemüse. In frostfreien Perioden können sie jederzeit geerntet werden. Die Qualität der Wurzeln ist am besten, bevor sie im März wieder frisches Grün austreiben. Diese Blätter können übrigens auch gegessen werden, zum Beispiel als Zugabe in einem bunten Frühjahrssalat. Die Aussaat für neue Pflanzen kann ebenfalls schon Ende März erfolgen, der Standort muss aber gewechselt werden.

Gute Beetpartner: Möhren und Zwiebeln

Im März geht es richtig los mit der Aussaat von Gemüse. Gut miteinander harmonierende Beetpartner sorgen für eine gesunde Ernte. Ein Klassiker ist die Kombination von Möhren mit Zwiebeln. Wer größere Mengen Zwiebeln anbauen möchte oder besondere Sorten bevorzugt, sollte diese lieber selbst aussäen. Da Zwiebelsamen bereits bei Temperaturen um 5 °C keimen, kann dies bereits Anfang März geschehen. Um die Keimung zu begünstigen, können Sie das Beet mit einem Vlies abdecken – das hilft bei stärkerem Frost und verhindert, dass der Boden austrocknet. Zu der Zwiebelaussaat gesellen sich frühe und mittelfrühe Möhrensorten. Der Reihenabstand sollte 20 cm betragen. Bis zum Auflaufen der Möhren können bis zu 4 Wochen vergehen.
Wer kleinere Mengen Zwiebeln anbauen möchte, ist mit Steckzwiebeln besser bedient. Diese kommen erst gegen Ende des Monats in den Boden – Achtung, nicht zu tief stecken, zwei Drittel der Zwiebelchen sollten noch herausgucken. Als Be-

1 Schneckeneier lassen sich leicht finden und vernichten, denn sie sind hellbeige oder weiß. 2 Schwarzwurzeln können bis in den März hinein auf dem Beet stehen bleiben.

gleitung bieten sich hier mittelfrühe Möhrensorten an, die Ende März gesät werden. Die Aussaat der späten Lagermöhren sollte erst ab Mitte April erfolgen.

Freilandaussaat im März

In gut besonnten Gemüsegärten kann ab März schon vieles im Freiland ausgesät werden. Dazu zählen Dicke Bohnen, frühe Erbsensorten, Melde, Möhren, Pastinake, Radieschen, Spinat und Zwiebeln. Eine Abdeckung mit Gemüsevlies oder einer Lochfolie sorgt für ein geschützteres Mikroklima und beschleunigt Keimung und Wachstum.

Obst

Erdbeeren für Eilige

Normalerweise werden Erdbeeren im Sommer nach der Erntezeit gepflanzt. Wer aber ein Beet neu gestalten und noch in diesem Jahr die süßen Früchte ernten möchte, kann auf sogenannte Frigo-Erdbeeren zurückgreifen. Das sind Pflanzen, die den Winter über einfroren worden sind. Im Frühjahr erhält man die fast blattlosen wurzelnackten Setzlinge, die schnell anwachsen und austreiben. Die Ernte im ersten Jahr ist allerdings recht klein.

Wurzelnackte Obstgehölze pflanzen

Wurzelnackte Obstbäume sind kostengünstiger als Containerpflanzen. Vor allem für einen größeren Obstgarten lohnt es sich, darauf zurückzugreifen. Bis zur Pflanzung müssen die Wurzeln vor dem Austrocknen geschützt werden, z. B. indem man sie mit nassen Alttextilien bedeckt. Die neue Pflanzgrube muss so groß ausgehoben werden, dass die Wurzeln rundum ausgebreitet Platz finden. Nach unten hin sollte die Erde zudem spatentief gelockert werden. Ein Stützpfahl wird in die Erde eingeschlagen, bevor der Baum gesetzt wird. Beim Einsetzen des Baumes achten Sie darauf, dass die Veredelungsstelle eine Handbreit über dem Boden ist. Die Wurzeln werden anschließend mit der ausgehobenen Erde wieder bedeckt und gut mit Wasser eingeschwemmt. Eine kleine Mulde erleichtert das weitere Gießen, das jetzt regelmäßig zu erfolgen hat, damit die Pflanzstelle nicht austrocknet. Nach ein paar Wochen freut sich das Bäumchen über eine Kompostgabe oder organischen Dünger.

Kräuter

Honig mit Kräutern aromatisieren

Flüssiger Blütenhonig lässt sich ganz einfach mit Kräutern aromatisieren. Jetzt, wo der Rosmarin kurz vor der Blüte steht, ist er besonders gut dafür geeignet. Er gibt ein intensives herbes Aroma ab. Man steckt dafür ein paar gut abgetrocknete Zweige in ein Honigglas, stellt dieses 2 Wochen an einen zimmerwarmen dunklen Ort und nimmt dann die Zweige wieder heraus. Gut abtropfen lassen!

TIPP: Gleiches funktioniert natürlich auch mit anderen Kräutern wie Thymian. Als Süße in warmem Tee wirkt das Kraut aufgrund seiner ätherischen Öle antibakteriell und schleimlösend bei Erkältungen und Halsschmerzen.

Lecker: Honig mit Rosmarin aus dem Garten aromatisiert.

1 Blausternchen wirken besonders natürlich am Fuß von Gehölzen.
2 Die Fetthenne ist sehr robust und verträgt es gut, einfach mit dem Spaten zerteilt zu werden.

ZIERGARTEN

Zwiebel- & Knollenblumen

Frühblüher schmücken den Garten

Jetzt ist die große Zeit der früh blühenden Zwiebelblumen. Winterling, Krokus und Schneeglöckchen sind auf dem Höhepunkt der Blüte angekommen oder lassen schon wieder nach. Zwergnarzissen, Schneestolz und Blausterne *(Scilla)* kommen hinzu, und bald werden sich auch die ersten Tulpen und Traubenhyazinthen zeigen. Wenn Sie jetzt Fotos von den Beeten machen, können Sie sich später im Jahr, wenn die Pflanzen ihr Grün eingezogen haben, die Standorte besser vergegenwärtigen. Das ist hilfreich bei Neupflanzungen von Stauden und Gehölzen.

Stauden

Jetzt teilen und erneuern

Ältere Stauden verlieren an Blühkraft und neigen zum Verkahlen. Durch das Teilen werden sie erneuert. Für sommer- und herbstblühende Arten ist das Frühjahr vor dem Austrieb der beste Zeitpunkt. Die Pflanzen werden vorsichtig mit einer Grabegabel aus der Erde geholt. Es gilt, den Wurzelballen möglichst wenig zu verletzen. Um die anschließende Teilung zu erleichtern, wird die anhaftende Erde abgeschüttelt. Anschließend wird die Wurzel in mehrere etwa faustgroße Stücke mit mehreren Triebknospen zerteilt. Während sich manche Pflanzen einfach mit den Händen auseinanderziehen lassen, benötigt man bei anderen ein scharfes Messer oder muss sogar den Spaten zu Hilfe nehmen.

Die neuen Teilstücke werden ebenso tief gesetzt, wie sie vorher standen. Nachdem das Pflanzloch mit Erde aufgefüllt worden ist, wird diese gut angetreten und die Wurzeln mit reichlich Wasser eingeschlämmt.

TIPP: Stauden, bei denen das Grün über Winter als Unterschlupf für Kleintiere und Insekten stehen gelassen wurde, werden spätestens bei Beginn des Neuaustriebes heruntergeschnitten. Das Schnittmaterial kann zerkleinert kompostiert werden.

Sträucher & Bäume

Achtsam schneiden

Von Anfang März bis Ende September gilt in Deutschland ein Baumschnitt-Verbot. Damit sollen brütende Vögel geschützt werden. Pflegende und erhaltende Schnittmaßnahmen sind davon ausgenommen. Selbstverständlich sollte man sorgfältig prüfen, ob Vögel ein Nest dort gebaut haben, wo man seine Schere ansetzen möchte und im Zweifelsfall lieber Zurückhaltung üben.

Sträucher pflanzen

Gehölze, die jetzt gepflanzt werden, haben die ganze Saison über Zeit, gut anzuwachsen. Das kommt vor allem solchen Arten zugute, die etwas empfindlicher gegenüber der Winterkälte sind, wie zum Beispiel Hibiskus oder Bartblume. Auch Immergrüne werden am besten im Frühjahr verpflanzt.

Rosen

Zeit für den Schnitt

Wenn die Forsythien blühen, ist es Zeit, die Rosen zu schneiden. Dabei sollten Sie eine scharfe und saubere Schere verwenden. Als Erstes werden kranke und abgestorbene Pflanzenteile entfernt sowie nach innen wachsende Triebe abgeschnitten. Bei Beet- und Zwergrosen entfernt man nun ältere Triebe so tief wie möglich und lässt drei bis vier jüngere stehen. Anschließend werden diese etwa um die Hälfte eingekürzt. Bei den größeren Strauchrosen wird ebenfalls ausgelichtet und dann die Hälfte der Gesamthöhe eingekürzt. Kletterrosen werden nur von abgestorbenen Teilen befreit. Alle paar Jahre kann ein Verjüngungsschnitt erfolgen. Nach dem Schneiden erhalten die Rosen eine erste Düngergabe.

Wer sich im Rosendickicht nicht verletzen will, trägt beim Schneiden langärmelige Lederhandschuhe.

Rasen

Rasenmäher checken

Mitte/Ende März beginnt der Rasen wieder zu wachsen. Ärgerlich, wenn dann der Rasenmäher nicht anspringt. Nutzen Sie deshalb noch die arbeitsarme Zeit am Monatsanfang, um das Gerät durchzuchecken. Muss das Öl gewechselt oder müssen die Zündkerzen ausgetauscht werden? Sind die Messer noch scharf oder müssen sie geschliffen werden? Lädt der Akku?

BALKON & TERRASSE

Neues Leben für Kübelpflanzen

Frostfeste Kübelpflanzen haben über Winter draußen geruht, sind nicht gedüngt und nur zurückhaltend gegossen worden. Jetzt, wo es länger hell ist und wärmer wird, kehrt das Leben zurück. Abgestorbene und vertrocknete Pflanzenteile werden nun entfernt. Ist die Pflanze zu groß geworden, erhält sie einen neuen Topf. Dabei kann ein Teil des Wurzelwerks zurückgeschnitten werden. Bleibt die Pflanze in ihrem Gefäß, wird die oberste lockere Erdschicht erneuert. Die Pflanzen werden nun wieder stärker gewässert und ab Monatsende kommt Flüssigdünger nach Packungsanweisung hinzu. Kübelpflanzen, die den Winter in geschützten Innenräumen verbracht haben, können ab Monatsende wieder behutsam an die frische Luft gewöhnt werden. Dabei kommen sie zunächst tagsüber für einige Stunden in den Schatten. Auch Pflanzen können einen Sonnenbrand erleiden, wenn sie UV-Strahlung nicht mehr gewohnt sind. Solange noch Frost zu erwarten ist, müssen die empfindlichen Arten dann wieder zurück nach drinnen. Sie werden ebenso wie die Winterharten ausgeputzt, gegebenenfalls umgepflanzt und kräftiger gegossen und gedüngt.

GEWÄCHSHAUS & FRÜHBEET

Kinderstube für Gemüse

Gemüsearten, für die es jetzt im Freiland noch zu kalt ist, können nun gut im ungeheizten Gewächshaus oder Frühbeet ausgesät werden. Dazu gehören die meisten Asia-Salate und Kohlsorten, Fenchel, Lauch, Rote Bete und Mangold, Kopfsalate, Sellerie und Speiserüben.

1 Minze im Kübel wird im Frühjahr von verdorrten Trieben befreit.
2 Asia-Salate gehören zu den frühen Kandidaten für die Gemüseaussaat.

Einfache Formen der Dachbegrünung

Von Werner Lantermann

Um es gleich vorwegzunehmen: In diesem Beitrag geht es nicht um professionelle Formen von Dachbegrünung, die in der Regel von spezialisierten Firmen durchgeführt werden. Sie sind, selbst wenn man sich zum Selbermachen entschließt, in der Regel aufwendig und nicht ganz preiswert. Hier geht es mehr um zu begrünende Tierställe und Mülltonnenboxen oder kiesbedeckte Garagen-, Schuppen- und Carportdächer, die man in Eigenarbeit mit wenig Aufwand vom tristen Kiesanblick befreien und ein wenig begrünen möchte.

Sich selbst begrünende Dächer

Bevor wir uns mit der aktiven Begrünung von zum Beispiel Mülltonnenboxen oder Kiesdächern beschäftigen, werfen wir zunächst einen kurzen Blick auf Dachflächen, die sich mit der Zeit von selbst begrünen. Wer zum Beispiel seinen Carport oder seine Gartenhütte – egal ob mit Flachdach, Pultdach oder Satteldach – mit gewöhnlicher Dachpappe oder Bitumenschindeln deckt, wird früher oder später erleben, dass sich ein erster grüner Pelz darauf bildet, der sich mit der Zeit zu einem schönen grünen Moosrasen auswächst. Das kann man mögen oder auch nicht (manche Zeitgenossen sind dann schnell mit dem Hochdruckreiniger zur Hand), aber eine solche Dachbegrünung sieht allemal besser aus, als das triste Einheitsgrau von Dachpappenflächen.

Auch kiesbedeckte Schuppen- oder Garagendächer werden sich mit der Zeit selbst begrünen. Sobald sich zwischen dem Kies Nährstoffe (aus herabfallenden Blättern und Co.) angesammelt haben, beginnt der Begrünungsprozess, und zwar je nach Klima und Feuchtigkeit wieder mit Moos oder kleinbleibenden Wildgräsern, die dann unter Umständen in besonders heißen und trockenen Sommern wieder verdorren, aber im darauffolgenden Frühjahr erneut zu sprießen beginnen. Mit der Zeit und zunehmendem Nährstoffeintrag stellt sich auf diesen Dächern meist aber eine mehr oder wenige stabile Pflanzengesellschaft ein, bei der Moose Gräser oder wilder Storchschnabel dominieren.

Bei diesen „Selbstbegrünungen" besteht jedoch stets die Gefahr, dass nicht selten kleine Pflanzenwürzelchen in kleinste Lücken oder Überlappungen der Dachpappe eindringen oder unter den Dachschindeln hindurchwachsen, sich dort beim Größerwerden Raum schaffen und schließlich für Feuchtstellen auf dem darunterliegenden Holzdach sorgen, die alsbald zu Faulstellen werden. Je nach Ausmaß solcher Feucht- und Faulstellen müssen diese Dächer dann unter Umständen nach wenigen Jahren erneuert werden. In jedem Fall ist also bei der Verlegung der Dachpappe sorgfältig darauf zu achten, dass sie breit überlappend (ca. 10 cm) verlegt und möglichst dicht verklebt bzw. verschweißt wird und/oder, dass darunter gleich eine Feuchtigkeitssperre mit eingezogen wird.

Kleine Projekte

Kleine Projekte sind zum Beispiel Begrünungen von Hundehütten, Hühnerhäusern, Fahrrad- oder Mülltonnenboxen. Besonders für Letzteres bieten viele Hersteller mittlerweile Boxen mit oben integrierter Pflanzwanne an. Für Hobbybastler, die ihre Mülltonnenverkleidungen (z. B. aus Holz) selber bauen, hält der Fachhandel auch separate Pflanz-

1 Pflanzenauswahl zur Dachbegrünung 2 Auf beschatteten und leicht feuchten Dächern bildet sich meist ohne unser Zutun eine flache Moosbegrünung. 3 Dachbegrünung einer Mülltonnenanlage mit Hauswurz (Sempervivum spec.) und kleinbleibenden Gräsern

wannen – z. B. aus Edelstahl oder Aluminium – bereit, die man oben auf solchen Boxen montieren kann. Dies sind in der Regel rundum geschlossene Blechwannen mit etwa 7 bis 8 cm hohen Seitenkanten. An einer Seite, der späteren Ablaufseite, ist auf etwa 15 bis 20 mm Höhe eine Lochreihe angebracht, sogenannte Drainagelöcher, die für einen guten Wasserabfluss sorgen. Weiteren Schutz vor Staunässe bietet eine dünne (etwa 15 mm hohe) Drainageschicht aus Blähton oder Kies am Boden der Pflanzwanne.

Bepflanzung

Vor der Bepflanzung bringen wir nun ein leichtes und gut durchlässiges Substrat ein, das aus einer Mischung aus Lava, Bims und leichtem feinkrümeligem Kompost besteht und etwa 4 bis 5 cm dick auf die bereits vorhandene Drainageschicht aufgebracht wird. Nun folgt die Bepflanzung, für die der Fachhandel eine gewisse Pflanzenauswahl bereithält. Grundsätzlich sollen die gewählten Pflanzenarten flachwurzelnd, niedrigwachsend, relativ anspruchslos bezüglich des Bodensubstrats, pflegeleicht und winterhart sein. In Frage kommen also vor allem Sedum-Arten (z. B. Fetthenne, Mauerpfeffer und Co.), Hauswurz (Sempervivum-Arten), kleinbleibende Gräser (z. B. Blauschwingel oder Schafschwingel), Moose (Stern-, Platt-, Kugel-, Flachmoose), kleinbleibende Kräuter und verschiedene Steingartenstauden. Die Pflanzen werden in einem Abstand, der das zu erwartende Wachstum berücksichtigt, eingepflanzt, fest angedrückt und angegossen. Bei der Auswahl der Pflanzen ist auch deren bevorzugter Standort (sonnig, halbschattig, schattig) zu berücksichtigen (Kräuter, Mauerpfeffer und Hauswurz eher sonnig, Gräser halbschattig, Moose eher schattig). Regelmäßiges Gießen in den Sommermonaten und gelegentliches Düngen der Pflanzen ist obligatorisch.

1

Haus-, Garagen- und Schuppendächer

Wer neu baut und dabei ein Flachdach einplant, wird sich meist von professionellen Firmen bei der Dachbegrünung, wenn eine solche vorgesehen ist, beraten lassen.

Anders sieht das bei Nebengebäuden, wie Schuppen- oder Garagendächern aus, wo der Laie aus Kostengründen gern schon einmal selber Hand anlegt. Aus eigener Erfahrung kann ich hier zwei Projekte vorstellen, die über Jahre schon gut „funktionieren".

Fertiggarage

Bei dem ersten Gebäude handelt es sich um eine Fertiggarage, die vor etwa 50 Jahren neben das Haus gestellt wurde. Sie besteht rundum – inklusive Dach – aus Beton. Rund um die Dachfläche verläuft an drei Seiten eine etwa 10 cm hohe Betonkante. Das gesamte Dach ist zum Schutz gegen (Stau-)Nässe komplett mit einer Dachpappenschicht abgeklebt, worauf werkseitig eine etwa 5 cm dicke Kiesschicht aufgebracht wurde. Mit einem leichten Gefälle fließt das Regenwasser zur Garagenrückseite ab, wo es in eine Dachrinne mit Anschluss an die Kanalisation geleitet wird. Mit der Zeit wurde ein kleiner Teil des Kieses im hinteren Bereich (auf etwa 50 cm Breite) durch starke Regenfälle weggespült – soweit die Zustandsbeschreibung der Garage nach dem Aufbau durch die Fachfirma. Hier wurde nun nach einigen Wochen eine Initialpflanzung in Form von wenigen Exemplaren Hauswurz und Mauerpfeffer eingebracht, etwa zwei bis drei Pflanzen pro Quadratmeter. Heute, rund 50 Jahre später, haben sich die Pflanzen über den gesamten Kiesteppich verteilt und überstehen alle Trocken- und Regenphasen ohne Verluste. Wenn auch die Garage nicht im Einzugsbereich großer Bäume steht, ist doch davon auszugehen, dass ein gewisser Nährstoffeintrag erfolgt, der die Pflanzen mit den notwendigen Nährstoffen versorgt. Eine Degeneration der Pflanzendecke über all die Jahre ist nicht zu bemerken, im Gegenteil: Im April/Mai bringen die Pflanzenteppiche einen üppigen Blütenflor hervor.

Schuppendach

Ein Schuppendach von etwa 40 m² Größe musste vor etwa 20 Jahren komplett erneuert werden. Da von vornherein die Absicht bestand, eine Kiesschicht aufzubringen, wurde die Dachbalkenstärke wegen des zu erwartenden Gewichts von einem Statiker berechnet. Darauf wurden USB-Platten

2

3

1 Das im Artikel genannte Garagendach mit einer Gruppe von Sempervivum spec. **2** *Das gleiche Dach beherbergt auch größere Polster von Spinnweb-Hauswurz (Sempervivum arachnoideum).* **3** *Das im Artikel genannte Schuppendach hatte sich nach einigen Jahren komplett von selbst begrünt, hauptsächlich mit Gräsern, Moosen und einer Wildform des Storchschnabels (wahrscheinlich Stinkender Storchschnabel Geranium robertianum).*

verschraubt und darauf dann eine durchgehende Kunststofffolie aufgebracht, um das Holz ggf. vor Feuchtigkeit zu schützen (siehe oben: sich selbst begrünende Dächer). Erst darauf kamen dann – im Verbund verlegt und verklebt – zwei Schichten Dachpappe, an den Schuppenrändern etwa 10 cm an umlaufenden Kantenbrettern hochgezogen. Am hinteren Ende, zur Dachrinne hin, wurden Lochwinkel mit einer Bitumenmasse aufgeschweißt. Auf diese Weise kann das Wasser abfließen, ohne die Kiesschicht mit in die Kanalisation zu spülen. Zum Schluss wurden rund 1,5 Tonnen Kies (12 bis 22 mm) aufgebracht und zu einer etwa 3 bis 4 cm dicken Lage auf dem gesamten Dach verteilt.

Dieses Dach wurde dann sich selbst überlassen und erwartungsgemäß tat sich hier etwa 2 Jahre lang so gut wie nichts, dann wurde der erste grüne Hauch über dem Dach erkennbar. Heute, nach rund 20 Jahren, ist das Dach komplett begrünt, ohne dass auch nur eine einzige Pflanze aktiv eingebracht wurde. Der Grünbewuchs bietet fast das ganze Jahr über einen erfreulich grünen Anblick, besser jedenfalls als ein reines Kiesdach oder gar ein tristes graues Dachpappendach. Etwa die Hälfte der Dachfläche steht unter dem Schatten und (im Herbst) dem Blätterwurf eines etwa 50 Jahre alten Ginkgos. In diesem Bereich ist die Begrünung stärker von Moosen geprägt als die andere Dachhälfte. Die einzige Pflegemaßnahme dieser Dachfläche besteht darin, dass im Herbst der Großteil der herabgefallenen Ginkgoblätter abgeharkt und kompostiert wird.

Vorteile Dachbegrünung

Einfache Formen von Dachbegrünungen müssen weder teuer noch aufwendig oder pflegeintensiv sein. Sie haben einen ökologischen Mehrwert, dienen manchen Insekten als Nahrungsquelle und bieten darüber hinaus einen erfreulichen Anblick.

APRIL

Bäume sind Gedichte,
die die Erde in den Himmel schreibt.

Khalil Gibran

Termine

- **Intern. Gartenausstellung (IGA) im Ruhrgebiet** – 23.04. bis 17.10.27
- **Landesgartenschau Wittenberge** – 21.04. bis 24.10.27
- **Landesgartenschau Oberhessen** – 22.04. bis 03.10.27
- **Landesgartenschau Aue-Bad Schlema** – 24.04. bis 03.10.27
- **Gartenschau Bad Urach** – 30.04. bis 03.10.27
- **Landesgartenschau Bad Windsheim** – 29.04. bis 03.10.27

Notizen

1 DO

mm °C max °C min

2 FR

☊ 12.17

(außer 10.15 bis 14.15)

mm °C max °C min

3 SA

ab 3.00

bis 1.30

ab 4.30

mm °C max °C min

4 SO

WEISSER SONNTAG

mm °C max °C min

MO 5		
	ab 3.00	
	bis 1.30	
	ab 4.30	
mm	°C max	°C min
DI 6		
mm	°C max	°C min
MI 7	1.51	
	bis 23.30	
mm	°C max	°C min
DO 8		
	ab 1.00	
	ab 2.30	
mm	°C max	°C min
FR 9		
	ab 19.00	
	bis 17.30	
	ab 20.30	
mm	°C max	°C min
SA 10		
mm	°C max	°C min
SO 11		
mm	°C max	°C min

PFLANZZEIT

Pflanzzeit ab 21.29 Uhr

12 MO PFLANZZEIT
ab 8.00
bis 6.30
ab 9.30
mm
°C max
°C min

13 DI PFLANZZEIT
bis 14.45
mm
°C max
°C min

14 MI PFLANZZEIT
0.57
Pg 2.41
ab 8.00
—
ab 14.45
mm
°C max
°C min

15 DO PFLANZZEIT
☊ 18.31
ab 19.00
bis 16.30
ab 20.30
mm
°C max
°C min

16 FR PFLANZZEIT
mm
°C max
°C min

17 SA PFLANZZEIT
mm
°C max
°C min

18 SO PFLANZZEIT
ab 7.00
bis 5.30
ab 8.30
mm
°C max
°C min

mm °C max °C min		PFLANZZEIT	MO 19
mm °C max °C min		PFLANZZEIT	DI 20
mm °C max °C min	ab 17.00 bis 15.30 ab 18.30	PFLANZZEIT	MI 21 0.27
mm °C max °C min		PFLANZZEIT	DO 22
mm °C max °C min	ab 4.00 bis 2.30 ab 5.30	PFLANZZEIT	FR 23
mm °C max °C min		PFLANZZEIT	SA 24
mm °C max °C min Pflanzzeit bis 3.45 Uhr	ab 14.00 bis 12.30 ab 15.30	PFLANZZEIT	SO 25

26 MO

27 DI
Ag 23.21
bis 21.30

28 MI
22.18
ab 3.00
—
ab 4.30

29 DO
☊ 15.24
(außer 13.30 bis 17.30)

30 FR
ab 11.00
bis 9.30
ab 12.30

WALPURGISNACHT

mm
°C max
°C min

Notizen

NUTZGARTEN

Gemüse

Die letzten Lagerkartoffeln

Späte Kartoffelsorten halten im Lager gut bis ins Frühjahr hinein. Aber je mehr Licht und Wärme sie dann bekommen, desto rascher bilden sie neue Triebe oder faulige Stellen und sollten deshalb nun regelmäßig durchgesehen werden. Auch wenn sie schon ein wenig unansehnlich geworden sind, taugen sie doch gut für eine cremige Kartoffelsuppe, die mit frischen Kräutern verfeinert wird.

Spinat in Hülle und Fülle

Jetzt wird der Spinat erntereif, der im Spätherbst oder im Februar ausgesät worden ist. Damit man möglichst viel von dem leckeren frischen Grün nutzen kann, empfiehlt es sich, zunächst einzelne Pflanzen aus den Reihen zu entnehmen, so dass die verbliebenen mehr Platz zum Wachsen haben. Spinat kann auch roh wie Feldsalat verzehrt werden. Gerne ausprobieren!

Der früheste Brokkoli ist da

In Großbritannien ist er weit bekannt, hierzulande aber nur selten zu finden: Sprouting Brokkoli. Diese Kohlpflanze wird im Juni oder Juli ausgesät und überwintert im Garten. Im Frühjahr bildet sie ihre

Spinat bereichert schon die Küche, wenn sonst noch nicht viel aus dem Gemüsebeet zu holen ist.

Rezept

Kartoffelsuppe mit Bärlauch

Zutaten:
200 g Lauch oder eine mittelgroße Lauchstange
1 kg mehlig kochende Kartoffeln
1 EL Öl zum Anbraten
1 EL körnige Brühe
200 g Schlagsahne
1 Handvoll Kräuter aus dem Garten, z. B. Bärlauch, Giersch, Petersilie, Pimpinelle o. a.

Zubereitung:
Den gewaschenen Lauch in Scheiben schneiden und in Öl leicht anbraten. Mit Wasser ablöschen und etwa 1 EL körnige Brühe (die für 1 Liter passende Menge laut Packungsanweisung) einrühren, sobald das Wasser kocht.
Die Kartoffeln schälen, klein schneiden und dazugeben.
Die Kräuter abspülen, trocken tupfen und klein hacken. Nach ca. 15 Minuten sollten die Kartoffeln weich sein. Die Sahne untermengen und die Suppe noch einmal aufkochen.
Vom Herd nehmen und mit dem Pürierstab ein wenig anpürieren, aber noch ganze Stücke lassen.
Mit den gehackten Kräutern servieren.

1 Rosmarinzweige, die beim Schnitt anfallen, können getrocknet und später verwendet werden. 2 Sprouting Brokkoli reift bereits im März und April.

Blütenknospen aus, die an den normalen Brokkoli erinnern. Diese werden mitsamt dem Stängel, auf dem sie sitzen, geschnitten, kurz bevor sich die Blüten öffnen. Häufiges Ernten regt weitere Blütenbildung an. Auch die zarten Blätter können mit geerntet werden.

Kräuter

Wildpflanze mit Aroma

Die Knoblauchsrauke *(Alliaria petiolata)* wächst wild in Mitteleuropa und entwickelt gegen Ende April ihren traubigen weißen Blütenstand. Ihre Blätter sind hellgrün gezackt und ähneln denen von Brennnesseln. Zerreibt man sie zwischen den Fingern, riechen sie intensiv nach Knoblauch. Sie lassen sich auf dem Butterbrot oder als aromatische Salatbeigabe essen. In der Natur findet man sie am Rand von Wiesen und Wäldern. Im Garten gedeiht die Knoblauchsrauke gut im Schatten von Laubbäumen, Hecken und Sträuchern. Möchte man sie kultivieren, so sammelt man im späten Frühjahr die etwa einen halben Zentimeter langen Schoten, die sich nach der Blüte entwickeln. In ihnen befinden sich kleine dunkelbraune Samen. Die Aussaat erfolgt am besten im Spätherbst, da die Knoblauchsrauke ein Kaltkeimer ist.

Frühjahrsschnitt für Mehrjährige

Einige Kräuter sind mehrjährig und können teilweise Jahrzehnte alt werden, wenn sie regelmäßig nach Ende des Winters geschnitten werden. Stauden wie Zitronenmelisse oder Minze haben ihr Blattwerk über Winter eingezogen – verbliebene Stängel werden jetzt geschnitten. Der Zeitpunkt ist auch gut, um die Pflanzen zu teilen.

Halbsträucher wie Rosmarin, Lavendel, Salbei oder Bergbohnenkraut werden ab Ende April um etwa die Hälfte eingekürzt, damit sie nicht von unten her verkahlen. Achten Sie dabei darauf, dass ausreichend junge Trieb für die Regeneration erhalten bleiben.
Verholzende Zwergsträucher wie der Thymian oder die Zitronenverbene werden um etwa ein Drittel der Triebe eingekürzt. Man kann sie im Sommer weitere Male schneiden.

ZIERGARTEN

Zwiebel- & Knollenblumen

Der Höhepunkt der Tulpenblüte

Kleine bis mittelgroße Tulpen kommen am besten zur Wirkung, wenn sie in größeren Tuffs oder kleinen Flächen gepflanzt werden. Während sie einzeln sehr verloren wirken, sind sie in der Gruppe absolut wirkungsvoll.

Stauden

Zauberhafte Küchenschelle

Die Küchenschelle *(Pulsatilla)*, mancherorts auch als Kuhschelle bezeichnet, ist eine häufig verkannte robuste Pflanze, die von März bis Mai sowohl mit ihren fedrigen hellgrünen Blättern wie mit ihren blauen, violetten oder pinken Blüten ein absoluter Schmuck für den Garten ist. Sie bevorzugt einen vollsonnigen Standort und durchlässige, humusreiche Erde, die leicht kalkhaltig ist. Staunässe verträgt sie nicht, ist aber ansonsten robust. Mit längeren Trockenheitsphasen kommt sie gut zurecht. Sie wird bis zu 30 cm hoch und eignet sich daher perfekt für einen vorderen Platz im Staudenbeet. Auch in einen Steingarten passt sie sehr gut.

Rosen

Jetzt düngen

Nachdem die Rosen im März geschnitten worden sind, sollten sie spätestens jetzt gedüngt werden.

1 Die filigranen Blätter der Küchenschelle leuchten in der Sonne.
2 Wildtulpen kommen am besten zur Geltung, wenn viele Pflanzen beisammen stehen.

Rasen

Gute Zeit für Neuaussaat

Rasen, der im Frühjahr gesät wird, kann sich bis zum Herbst gut etablieren. Zunächst wird der Boden vorbereitend aufgelockert, von Unkraut und Steinen befreit und gründlich geebnet. Anschließend wird das Saatgut möglichst gleichmäßig verteilt, bei einer größeren Fläche lohnt es, sich dafür einen Streuwagen zu leihen oder zu kaufen. Beim Saatgut sollte man nicht sparen, ein hochwertiges Produkt bringt einen deutlich besseren Erfolg. Achten Sie bei der Auswahl auch darauf, ob die Saat für einen Schattenrasen oder eine sonnige Fläche taugen soll. Nach der Einsaat werden die Samen mit einer Rasenwalze (alternativ stabile Platte, auf die man draufsteigt) angedrückt. In den kommenden Wochen muss die Fläche gleichmäßig feucht gehalten werden. Betreten Sie den neuen Rasen in den ersten Wochen möglichst wenig.

GARTENTEICH

Der Zauber der Lotusblumen

Die exotischen Wasserpflanzen aus Asien werden auch hierzulande immer beliebter. Ab Mitte März bis Anfang Mai ist ein guter Zeitraum, um die winterharten Lotusblumen zu pflanzen. Ideal dafür ist eine Stelle im Teich, die sehr gut besonnt ist. Bei der Sortenwahl sollten Sie unbedingt die Größe des Teiches beachten. Während Zwerglotus nur kleine Blüten hat und bis zu 50 cm hoch wird, können große Lotuspflanzen riesige Blätter und Blüten entwickeln und bis zu 180 cm Höhe erreichen. Gepflanzt wird das Rhizom in einen Topf mit 30 bis 50 cm Durchmesser, der zu zwei Dritteln mit Substrat gefüllt wird – Vorsicht, es darf dabei nicht verletzt werden. Das Rhizom wird vollständig mit Erde bedeckt, dabei müssen die kleinen Blätter nach oben zeigen. Da das Rhizom schnell wächst, wird es das Gefäß bald vollständig ausfüllen. Der Abstand zur Wasseroberfläche sollte mindestens 30 cm aber nicht mehr als 50 cm betragen.

1

2

1 Das Substrat für die Teichpflanzen wird mit Kies abgedeckt, damit die Erde nicht so leicht ausschwemmt.
2 Lotusblumen brillieren mit ihrer Leuchtkraft.

GEWÄCHSHAUS & FRÜHBEET

Highnoon im Gewächshaus

Im April, kurz bevor die Jungpflanzen ins Beet gepflanzt werden, platzt das Gewächshaus fast aus allen Nähten. In dieser Zeit ist es wichtig, tagsüber gründlich zu lüften, denn es kann sonst bei Sonneneinstrahlung schon sehr heiß werden. Die Jungpflanzen sollen außerdem an die kühleren Temperaturen und an etwas Wind gewöhnt werden, bevor sie an ihren endgültigen Standplatz ausgepflanzt werden.

BALKON & TERRASSE

Hübsche Körbe mit Frühblühern bepflanzen

Zum Bepflanzen mit Frühlingsblumen eignen sich nicht nur Balkonkästen und Tontöpfe. In natürlich anmutenden Flechtkörben kommen lange blühende Arten wie Hornveilchen *(Viola cornuta)*, Primeln, Vergissmeinnicht sowie Tausendschön *(Bellis)* gut zur Geltung. Die Körbe sollten von innen mit einer Kunststofffolie ausgekleidet werden, damit sie nicht so schnell verrotten.

TIERE IM GARTEN

Gedeckter Tisch für Bienen und Co.

Spätestens im April beginnt die Zeit der Obstbaumblüte und Befruchtung durch Bienen, Hummeln und Schwebfliegen. Den Anfang macht das Steinobst: Aprikosen, Pfirsich, Kirschen und die vielen verschiedenen Zucht- und Wildpflaumenarten. Erst etwas später kommen dann auch die anderen Obstbäume wie Apfel, Birne und Quitte hinzu. Und überall ist das Summen von Bienen und anderen Bestäuberinsekten zu hören.

1 Ein mit Frühblühern bepflanzter Korb macht viel her und eignet sich auch als nettes Geschenk.
2 Die Obstbaumblüte lockt nektarsammelnde Insekten in die Gärten.

Patchwork: Ein Prinzip der Natur

Von Sigrid Tinz

Heutzutage ist – oder besser gesagt wäre – es zeitgemäß, die Gärten, Balkone und Hinterhöfe der Tierwelt als Refugium anzubieten. Alle Gärten zusammen sollen ungefähr so viel Fläche haben wie unsere Naturschutzgebiete, es würde sich also lohnen.

Das Konzept Patchwork-Gärtnern macht das ganz einfach möglich. Denn wir behandeln alles so, wie es die Natur auch machen würde – von allem ein bisschen, überall und immer mal. Wir lassen den Rasen zur Blumenwiese wachsen und trampeln einen Teil davon platt beim Fußballspielen. Wir pflanzen eine Hecke aus Wildsträuchern und schneiden sie immer mal zurück. Wir säen Blumen und schneiden sie runter, sanftmäulig wie ein Reh. Wir haben Beerensträucher und schenken die Früchte zum Teil den Amseln. Die Blattläuse überlassen wir den Ameisen. Oder „picken" sie vom Gemüse und den Rosen, wenn sie uns zu sehr stören. Aber zart wie die Rotkehlchen und Meisen, nicht mit Gift, großen, schweren, elektrischen Maschinen und Gewalt.

Ordnung plus Wildnis für zeitgemäße Vielfalt

Wie soll das gehen? Ganz einfach. Die Kultur ist eh da, mit Zäunen, Mitgärtnernden und festen Gestaltungselementen. Die Natur bringt das Patchwork-Gärtnern hinein. Am Ende kommt was Gutes dabei raus: Vielfalt.

Im öffentlichen Grün steht der Ordnungsanspruch mehr Wildnis und Vielfalt oft entgegen: Die Rabatten sind geschniegelt, die Bepflanzung wird regelmäßig ausgetauscht, Hecken werden kurzgeschnitten und von Zwischenwuchs befreit, Totholz wird entfernt. Bis sich Dienstpläne in Grünflächenämtern ändern, wird es noch dauern. Kultur und Zivilisation ist überall um uns herum, die müssen wir nicht fördern. Aber im eigenen Garten können wir für etwas mehr Wildnis und Dynamik sorgen, indem wir nur das Nötigste machen und das nach und nach – querbeet durch alle Bereiche eines Gartens und jeden Teil so bunt und vielfältig wie möglich.

Mauseloch entdeckt?

Braucht man nicht, oder? Aber lieben Sie Hummeln? Denn Hummeln lieben Mauselöcher. Schon früh im Jahr erwachen die Hummelköniginnen aus der Winterstarre. Sie haben als einzige im Staat überlebt und müssen nun ein neues Volk gründen. Gerne nehmen sie dafür leere Mauselöcher. Und wenn sie auf der Suche danach sind und es kommt – was im März nicht unwahrscheinlich ist – ein Kälteeinbruch mit Nachtfrösten, dann freuen sie sich auch über das Laub im Staudenbeet, das dort noch liegt. Dort können sie warm unterschlüpfen. Sonst würden sie vor Kälte sterben. Und mit ihnen das ganze Volk, das sie als Eier im Bauch tragen und im Mauseloch gründen könnten.

Rahmen schaffen Ordnung

Besonders schön sind braune Stauden nicht, aber auch das ist Patchwork-Gärtnern: Wir lernen das Wilde zu kaschieren, zu dekorieren, zu inszenieren. So wie ein Bild einen Rahmen braucht, benötigt auch eine wilde Wiese, ein Haufen Laub oder ein verblühtes Beet einen Halt, damit es gefällig wirkt und wohnlich. Ein Zaun oder andere Bepflanzung,

Gärten sind keine Erfindung der Natur. Gärten sind von Menschen gestaltete Wildnis.

eine Hecke oder ein Pflasterstreifen, all das signalisiert: Hier ist ein Patchwork-Flicken, daneben beginnt der nächste – und schon sieht's ordentlicher aus.

Vom Unkraut zum Beet

Die „Patchwork-Ordnung" gilt auch für einzelne Beete, ja sogar manchmal für einzelne Pflanzen. Und geht auch auf Zuruf, je nachdem, was die Blumen dieses Jahr für Pläne haben. Zum Beispiel kann man um den kleinen Trupp Disteln auf der Wiese einen Kreis aus Steinen legen und einen Stuhl danebenstellen; und schon sieht es nicht mehr nach Unkraut aus, sondern wie ein Konzept. Die Distelfinken lieben es so oder so. Manchmal reichen eine Bank oder auch zwei, drei Blumenkübel, richtig platziert. Schon hat das wilde Beet oder die bunt bewachsene Kiesfläche ihren „Eingang", schon ist optisch eine Grenze geschaffen. Als Rahmen ist eine gewisse Ordnung nicht verkehrt.

Das Kräuterbeet schwappt auf die Terrasse

Schneiden Sie ab, was stört, und stecken Sie die anderen Triebe zurück in ihre Einfassung. Oder machen Sie einen neuen Rahmen: Schichten Sie große Baumstücke zu einer kleinen Mauer, Zweige und Reisig zu einem länglichen Haufen. Wenn diese Haufen und Mauern länger liegen bleiben, ist das sogar ein schöner zusätzlicher Lebensraum für die tierische Garten-WG. Den Tieren ist ein kunterbuntes Durcheinander gerade recht, Rinde, Laub, Baumstücke, Äste und Zweige, auch Steine. Das isoliert schön und bietet alles, von kleinen Schlupfwinkeln für Spinnen und Käfer über feuchte Ecken für Molche, Frösche und Kröten bis zu größeren Höhlen für Spitzmäuse, Igel und Co.

Unkraut gibt es nicht

Den Begriff haben sich Menschen ausgedacht für robuste Wildkräuter, die überall wachsen. Sie ernähren jede Menge Tiere. Wo sie stören, kann man sie entfernen, aber nicht einfach aus Prinzip. Bei Ameisen, Blattläusen und Wespen ist es das Gleiche. Nur wenn sie zu aufdringlich werden, zieht man Grenzen. Praktischerweise macht das Patchwork-Gärtnern das fast automatisch.

MAI

Leben allein genügt nicht, sagte der Schmetterling, Sonnenschein, Freiheit und eine kleine Blume muss man auch haben.

Hans Christian Andersen

Termine

- **Intern. Gartenausstellung (IGA) im Ruhrgebiet** – 23.04. bis 17.10.27
- **Landesgartenschau Wittenberge** – 21.04. bis 24.10.27
- **Landesgartenschau Oberhessen** – 22.04. bis 03.10.27
- **Landesgartenschau Aue-Bad Schlema** – 24.04. bis 03.10.27
- **Gartenschau Bad Urach** – 30.04. bis 03.10.27
- **Landesgartenschau Bad Windsheim** – 29.04. bis 03.10.27

Notizen

1 SA

MAIFEIERTAG

mm

°C max

°C min

2 SO

ab 12.00

bis 10.30

ab 13.30

mm

°C max

°C min

MO 3

mm
°C max
°C min

DI 4

mm
°C max
°C min

MI 5

mm
°C max
°C min

ab 9.00
bis 7.30
ab 10.30

DO 6

12.59

CHRISTI HIMMELFAHRT
VATERTAG

mm
°C max
°C min

FR 7

mm
°C max
°C min

ab 3.00
bis 1.30
ab 4.30

SA 8

mm
°C max
°C min

SO 9

MUTTERTAG

mm
°C max
°C min

ab 14.00
bis 10.15
—

PFLANZZEIT

Pg 22.07

Pflanzzeit ab 3.45 Uhr

10 MO
PFLANZZEIT
ab 10.15
mm
°C max
°C min

11 DI
PFLANZZEIT
ab 13.00
bis 11.30
ab 14.30
MAMERTUS (Eisheiliger)
mm
°C max
°C min

12 MI
☋ 19.03
PFLANZZEIT
bis 23.30 (außer 17.00 bis 21.00)
PANKRATIUS (Eisheiliger)
mm
°C max
°C min

13 DO
6.44
PFLANZZEIT
ab 1.00
ab 2.30
SERVATIUS (Eisheiliger)
mm
°C max
°C min

14 FR
PFLANZZEIT
BONIFATIUS (Eisheilige)
mm
°C max
°C min

15 SA
PFLANZZEIT
ab 13.00
bis 11.30
ab 14.30
KALTE SOPHIE (Eisheilige)
mm
°C max
°C min

16 SO
PFLANZZEIT
PFINGSTSONNTAG
mm
°C max
°C min

MO 17 PFINGSTMONTAG

mm | °C max | °C min

PFLANZZEIT

DI 18

mm | °C max | °C min

PFLANZZEIT

MI 19

ab 0.00

bis 22.30

—

mm | °C max | °C min

PFLANZZEIT

DO 20

12.59

ab 12.00

ab 1.30 bis 10.30

ab 13.30

mm | °C max | °C min

PFLANZZEIT

FR 21

Pflanzzeit bis 10.52 Uhr

mm | °C max | °C min

PFLANZZEIT

SA 22

ab 22.00

bis 20.30

ab 23.30

mm | °C max | °C min

SO 23

mm | °C max | °C min

24 MO

mm °C max °C min

25 DI

Ag 17.13

ab 10.00

bis 8.30
ab 11.30

(außer 15.15
bis 20.15)

mm °C max °C min

26 MI

☊ 17.22

(außer 15.30
bis 19.30)

mm °C max °C min

27 DO

FRONLEICHNAM

ab 19.00

bis 17.30

ab 20.30

mm °C max °C min

28 FR

15.58

mm °C max °C min

29 SA

ab 21.00

bis 19.30

ab 22.30

mm °C max °C min

30 SO

mm °C max °C min

MO 31

mm

°C max

°C min

Notizen

ALLGEMEINE ARBEITEN

Gelten die Eisheiligen noch?

Lange Zeit war es eine klare Regel für den Garten: Frostempfindliche Pflanzen dürfen nicht vor den Eisheiligen nach draußen! Gemeint sind damit die Tage vom 11. bis 15. Mai, an denen es langjährigen Erfahrungen zufolge immer noch einmal zu kurzen Frosteinbrüchen gekommen ist. Auch heute gibt es in höhergelegenen Regionen oder Gebieten mit eher kontinentalem Klima noch einzelne Frostnächte im Mai, aber das Phänomen ist seltener geworden. Dank langfristiger Wetterberichte ist es auch besser vorhersehbar, ob noch einmal Kälte droht. Wer genug Platz auf dem Fensterbrett oder im Gewächshaus hat, wartet lieber ein paar Tage länger. Denn auch wenn sie nicht gleich erfrieren, können wärmeliebende Pflanzen doch Wachstumsstockungen durch allzu kalte Nächte erleiden.

NUTZGARTEN

Gemüse

Eine besondere Delikatesse

Rhabarber wird in der Regel als Kompott zubereitet oder kommt auf einen Kuchen. Insofern wird er, obwohl er zum Gemüse gehört, in der Küche eher wie Obst verwendet. Wenig bekannt ist, dass auch die Blütenknospen essbar sind. Sie werden ähnlich zubereitet wie Brokkoli und haben einen sehr feinen süß-säuerlichen Geschmack. Wer die Blütenknospen nicht probieren möchte, sollte sie jedoch sehr bald am Ansatz ausbrechen, da die Ausbildung der Blüte die ganze Rhabarberstaude schwächt.

Wilde Rauke

Salatrauke, auch Rucola genannt, ist seit einigen Jahren eine beliebte Ergänzung zu Blattsalaten oder auch Gemüsepfannen. Sie wird einjährig im Gemüsebeet kultiviert. Wer sich über die Versorgung mit Rauke in Zukunft keine Gedanken mehr machen möchte, kann stattdessen die weniger bekannte Wilde Rauke *(Diplotaxis tenuifolia)* aussäen. Sie ist sehr anspruchslos, gedeiht auch im Staudenbeet zwischen anderen Pflanzen oder wo auch immer Platz ist. Sie sät sich selbst aus und findet daher in den Folgejahren bestimmt einen Lieblingsplatz im Garten. Ihr Aroma ist kräftiger als das der Salatrauke.

1 Rhabarberblüten sind eine Delikatesse!
2 Wilde Rauke wächst auch im Staudenbeet und lässt sich immer wieder nach Bedarf ernten.

Endspurt für Gemüse

Für manche Gemüsearten schließt sich jetzt das Zeitfenster für die Aussaat. Letzte Chance ist nun für Blumenkohl, Stangenbohnen, Erbsen, Gurken, Kürbis, Pastinaken, Rosenkohl und Zucchini. Auch Kartoffeln müssen spätestens im Mai gelegt werden, um noch auszureifen.

Obst

Was gegen Rieseln hilft

Ein paar Wochen nachdem die Sträucher geblüht haben, fallen bisweilen viele unreife Johannisbeeren ab. Eine Ursache kann trockenes Wetter sein – regelmäßiges Gießen von der Blüte bis zur Fruchtreife kann helfen. Es gibt aber auch andere mögliche Ursachen: Wenn es im Frühjahr lange kalt war, sind weniger Insekten für die Befruchtung der Blüten unterwegs.
Grundsätzlich ist es sinnvoll, mehrere Johannisbeersorten anzubauen. Die Pflanzen sind zwar selbstfruchtbar, liefern aber oft bessere Erträge, wenn sie mit einer Fremdsorte bestäubt werden. Zudem kann man mit mehreren Sorten die Erntezeit verlängern, indem man frühe und späte Sorten kombiniert. Aber Achtung: Rote und Weiße Johannisbeeren *(Ribes rubrum)* können einander befruchten. Die schwarzen Sorten sind nur mit anderen schwarzen oder grünen Sorten *(Ribes nigrum)* fruchtbar.

Pflege neu gepflanzter Obstbäume

Zugegeben, wer wollte nicht gleich im Jahr der Pflanzung von einem neuen Obstbaum probieren? Besser aber ist es, Sie beherrschen sich und dünnen einen möglichen Fruchtansatz an frisch gesetzten Obstbäumen aus oder entfernen ihn sogar vollständig. Denn dann kann die Pflanze ihre ganze Kraft in die Wurzelbildung stecken. Im Folgejahr werden Sie dafür mit noch besserem Wachstum belohnt.

Wenn die Johannisbeerpflanzen blühen, sollte der Boden feucht gehalten werden, um späteres Verrieseln zu vermeiden.

Kräuter

Thymian als blühender Buchs-Ersatz

Vielerorts hat der Buchsbaumzünsler so sehr gewütet, dass ganze Beeteinfassungen zerstört worden sind. Gerade für einen mit Gemüse bepflanzten Bauerngarten kann eine essbare Einfassung mit Thymian ein ansprechender Ersatz sein. Thymian ist ein Zwergstrauch und verträgt regelmäßige Formschnitte gut. Er ist pflegeleicht und absolut frosthart, kommt mit Trockenperioden gut zurecht und dient zudem als Insektenweide. Einen Haken hat die Sache doch: Die Pflanzen wachsen recht langsam und man braucht etwas Geduld, bis eine neue Minihecke gewachsen ist.

ZIERGARTEN

Stauden

Boden düngen, lockern und jäten

Spätestens im Mai ist es an der Zeit, das Staudenbeet zu düngen. Das kann mit handelsüblichem Blühpflanzendünger erfolgen oder eigenem Kompost, ergänzt durch Hornspäne, da der Kompost selbst nur wenig Stickstoff enthält. Nach dem Aufbringen der Düngung sollte der Boden etwas gelockert werden, auf diese Weise wird der Dünger zugleich eingearbeitet. In einem dicht bepflanzten kleinen Staudengarten kann dies am besten mit einer Handhacke geschehen. Bei der Gelegenheit kann zugleich Unkraut gejätet werden. In einem großen Garten ist es rückenschonender, den Boden mit einer langstieligen Hacke oder einem Kultivator im Stehen zu lockern.

Zwiebel- & Knollenblumen

Tulpenblüte richtig pflegen

Im Mai erreicht die Blüte der Tulpen ihren finalen Höhepunkt. Sie schmücken den Frühlingsgarten in fast allen denkbaren Farben von Weiß über Gelb, Orange, Rot, Pink bis hin zu Violett oder fast Schwarz. Für alle gilt: nach dem Ende der Blütenpracht die Blütenstände und den Stiel abschneiden, damit die Zwiebel ihre Energie in die Nährstoffspeicherung statt in die Samenbildung stecken kann.

Sommerblumen

Einjährige Blumen direkt aussäen

Ab Monatsmitte, wenn keine Fröste mehr zu erwarten sind, können die meisten Sommerblumen direkt ins Beet gesät werden. Unkompliziert und

1 Jetzt ist eine gute Zeit, um im Staudenbeet Unkraut zu jäten. 2 Beim Abschneiden der verblühten Tulpen sollten die Blätter an der Pflanze gelassen werden

Die Rhodendendronzikade lässt sich leicht erkennen, für ein mitteleuropäisches Insekt ist die ausgesprochen farbenfroh.

beliebt sind die orange oder gelb blühenden Ringelblumen *(Calendula officinalis)*; ihre Blütezeit reicht bis weit in den Herbst. Für die Aussaat an Beeträndern und Zäunen eignen sich besonders die einjährigen Sonnenblumen *(Helianthus annuus)*. Sie bevorzugen vollsonnige Standorte mit nährstoffreichem, feuchtem Boden und sollten regelmäßig gegossen werden. Bis in den Herbst hinein blühen auch Schmuckkörbchen *(Cosmos bipinnatus)*. Ein großer Vorteil der meist weiß oder rosa blühenden Cosmeen ist, dass sie von Schnecken verschont bleiben. In längeren Trockenphasen müssen auch sie gegossen werden. Sommerastern *(Callistephus chinensis)* blühen in fast allen Farben und eignen sich gut auch für die Vase. Anders als die klassischen Herbstastern sind sie nur einjährig.

Sträucher & Bäume

Achtung Rhododendronzikade

Im Mai blühen die meisten Rhodendendronsorten. Wenn Blütenknospen braun geworden und von einem dunklen Flaum überzogen sind, leiden sie an einer Pilzerkrankung, die durch die Rhododendronzikade übertragen wird, wenn diese im Herbst ihre Eier in den Knospen ablegen. Jetzt haben diese sich zu Larven entwickelt, die sich auf der Unterseite der Blätter tummeln. Man kann sie mit Neem-Präparaten bekämpfen. Befallene Knospen müssen entfernt werden. Gegen erwachsene Zikaden helfen Gelbtafeln, die allerdings auch andere Insekten anlocken.

Schneeheide zurückschneiden

Die Winterheide, auch Schneeheide *(Erica carnea)* genannt, ist ein beliebter Halbstrauch und wird gerne als Bodendecker für sonnige bis halbschattige Standorte genutzt. Im Winter erfreut sie mit ihrer Blütenpracht. Mitte Mai sollte ein Rückschnitt um etwa ein Drittel erfolgen, mit dem die alten Blüten und ein Stück des neuen Grüns entfernt werden. Vorsicht, dabei nicht bis ins alte Holz schneiden! Die Pflanze wird so im kommenden Winter wieder kräftig blühen!

1 Wer regelmäßig Verblühtes entfernt, verlängert die Blütezeit.
2 Die Teichfolie passt sich hier farblich dem Drumherum an.

Rasen

Darf es etwas bunter sein?

Lange Zeit galt ein makellos grüner Rasen nach „englischer Art" als erstrebenswert. Mittlerweile darf es im Garten vielerorts ein bisschen wilder sein – das sieht nicht nur entspannt aus, sondern trägt zum Wohlbefinden und Erhalt der Kleintiere und Insekten bei, die den Garten besiedeln. Auch bei der Rasenpflege darf es lockerer zugehen. Löwenzahn sorgt für hübsche gelbe Tupfen in der Zeit, wo noch nicht so viel anderes blüht. Und das zierliche heimische Gänseblümchen zaubert einem immer wieder ein Lächeln ins Gesicht. Gut für hungrige Bienen und Co., die hier Nektar finden. Also darf der Mäher ruhig mal im Schuppen bleiben. Wer verhindern möchte, dass sich der Löwenzahn allzu stark ausbreitet, sollte allerdings die Samenstände – also die „Pusteblumen" – entfernen.

Rosen

Eine lange Blütezeit erzielen

Wie lange Rosen blühen, hängt maßgeblich von der Sorte ab. Einige Züchtungen zeigen ihre Blütenpracht von Ende Mai bis in den Herbst, andere blühen einmal heftig und üppig und entwickeln allenfalls im Herbst noch mal eine kleine Nachblüte. Es lohnt sich also, beim Kauf darauf zu achten. Rosen, die geschützt an einer Hauswand stehen, können bereits Mitte Mai erste Blüten zeigen. Wenn man Verblühtes umgehend abschneidet, wird die Pflanze zur Entwicklung weiterer Blüten angeregt und steckt keine Energie in die Bildung von Früchten – also Hagebutten.

GARTENTEICH

Ideal für eine Neuanlage

Jetzt ist eine gute Zeit für die Neuanlage eines Folienteiches, da sich die Wasserpflanzen über die Saison hinweg etablieren können. Damit der Teich lange dicht hält, sollte man sich unbedingt für hochwertige Teichfolie entscheiden. Wer hier spart, hat später umso mehr Arbeit. Nachdem der Platz für den Teich ausgehoben und die Folie eingelegt worden ist, kommen mögliche Installationsarbeiten für einen Wasserzulauf, eine Pumpe und Filter an die Reihe. Erst danach wird der neue Teich bepflanzt. Im Handel ist spezielle nährstoffarme Wasserpflanzenerde erhältlich – damit wird verhindert, dass sich Algen bilden und das Wasser eintrübt. Größere Pflanzen sollten zudem in spezielle Wasserpflanzenkörbe gesetzt werden.

BALKON & TERRASSE

Chili im Topf

Ihre Blüten sind eher unscheinbar, aber die Früchte sind ein Hingucker! Chilipflanzen machen sich gut auf dem Balkon und sorgen für kräftige Farbakzente. Zudem behagt den wärmeliebenden Pflanzen ein Platz, der gar nicht sonnig genug sein kann – regelmäßiges Gießen vorausgesetzt. Chili gibt es in unendlich vielen Farben, Formen und Größen und auch beim Schärfegrad kann man genau nach dem eigenen Geschmack wählen: von mild wie bei einer Paprika bis so scharf, dass Ungeübte es nicht aushalten. Eine gute Anfängersorte ist die mittelscharfe 'De Cayenne', die lange dünne rote Schoten ausbildet. Saatgut ist im Gartenhandel leicht erhältlich, da es sich um eine gängige Sorte handelt. Wer Lust auf mehr Vielfalt hat, findet im Internet spezielle Anbieter, die Hunderte Sorten vorhalten. Vorsicht, Suchtgefahr!

Zeit für üppige Bepflanzung

Wenn keine Nachtfröste mehr zu erwarten sind, kann man mit der Balkonbepflanzung so richtig durchstarten. Wer sich nicht schon vorher von seiner Ungeduld hat verlocken lassen, kann jetzt im Discounter Jungpflanzen für die Sommersaison im 6er- oder 10er-Pack günstig erwerben. Zu den beliebtesten Arten für sonnige Balkone gehören Petunien *(Petunia)*, Männertreu *(Lobelia erinus)*, Margeriten *(Leucanthemum)*, Elfensporn *(Diascia barberae)*, Kapkörbchen *(Osteospermum)* und die Mittagsblume *(Dorotheanthus bellidiformis)*. Für halbschattige Standorte eignen sich besser Fuchsien *(Fuchsia)*, Begonien *(Begonia)* und das Fleißige Lieschen *(Impatiens walleriana)*.

1 Chili gedeihen sehr gut in Kübeln auf Balkon oder Terrasse. 2 Männertreu und Zwergpetunien lassen die Bepflanzung luftig wirken.

Olivenbaum im Garten

Von Tina Ullmann

Der Olivenbaum kommt aus südlichen und heißen Ländern und bevorzugt daher sehr sonnige Standorte, am besten südlich ausgerichtet.

Die beste Pflanzzeit

Olivenbäume bekommt man bei uns im Kübel zu kaufen. Man spricht von sogenannter Containerware. Diese kann eigentlich bei frostfreiem Boden das ganze Jahr über gepflanzt werden. Bei Olivenbäumen ist das aber etwas anders! Warum? Hier bin ich immer ein Freund vom Frühling – nicht zu früh, am besten so im April bis spätestens Mitte Juli. Dann haben die Bäume bis zum Herbst und Winter genügend Zeit, sich gut zu verwurzeln (die Olive wächst sehr langsam), um gefestigt in den Winter zu gehen. Wird der Baum erst im Herbst gepflanzt, muss er noch mit dem Verwurzeln kämpfen und hat weniger Kraft gegen die Kälte. Kauft man den Baum aber erst Ende August oder September, ist meine Empfehlung, ihn im Kübel stehen zu lassen, im Winter geschützt vor Frost und Regen, und erst im Frühjahr auszupflanzen.

Optimaler Boden

Hier würde ich tatsächlich vorab eine Bodenprobe nehmen, wenn man nicht von Nachbarn etc. weiß,

1

2

1 Mit Sand im Erdloch fühlt die Olive sich „heimischer". 2 Das Pflanzloch im Garten auch eher eng halten. 3 Der Baum fühlt sich wohl in seiner mediterranen Umgebung.

wie die Beschaffenheit der Erde im Wohngebiet ist. Also ist der Boden eher lehmig/steinig, durchlässig oder verdichtet? Wichtig ist auch der pH-Wert, unter 7 kann schnell ein Kalziummangel entstehen, die Folge sind gelbe Blätter und helle Blattadern. Bodentests gibt's im Gartencenter zu kaufen, die Auswertung bekommt man dann direkt aus dem Labor zugeschickt.

Den Standort vorab testen

Wer die Geduld hat, kann seinen Olivenbaum erstmal im Topf an den gewünschten Platz zum Einpflanzen stellen, denn es kann immer wieder passieren, dass der Baum den Standort nicht mag. Ich empfehle den Baum „solitär" zu setzen, dann kommt er gar nicht mit einem anderen in die Quere oder kriegt womöglich zu viel Schatten ab. Steht der Baum einige Wochen an dem Platz, dann sieht man schon, ob es ihm da gefällt oder nicht, und kann ihn schließlich dort einpflanzen. Sagt ihm der Standort nicht zu und man hat ihn sofort nach dem Kauf eingepflanzt, ist es schwieriger, ihn später noch mal umzupflanzen. Achten Sie einfach darauf, dass er genügend Sonne und wenig Wind hat, dann klappt das schon!

Das Pflanzloch

Wenn man das Loch ausgehoben hat – auch hier bitte nicht zu groß, rundherum ca. 10 bis 20 cm Luft – empfehle ich, etwas Granulat oder Steinchen reinzugeben und die Auffüllerde damit zu vermengen. Wenn der Baum sitzt, die Erde gut andrücken bzw. festdrücken und danach wässern. Wer will, kann zum Anfang noch mal mit einem mediterranen Flüssigdünger düngen, so als Booster, ist aber kein Muss!

JUNI

Möge jeder still beglückt seiner Freuden warten! Wenn die Rose selbst sich schmückt, schmückt sie auch den Garten.

Friedrich Rückert

Notizen

1 DI	ab 19.00	
	bis 17.30	
	ab 20.30	
2 MI		
3 DO	ab 12.00	
	bis 10.30	
	ab 13.30	
4 FR 21.40		
5 SA	ab 23.00	
	bis 21.30	Pflanzzeit ab 12.02 Uhr
6 SO Pg 16.54	ab 0.30 bis 5.00	

mm °C max °C min

PFLANZZEIT

Tag		Mond/Zeichen	Pflanzzeit	Wetter
MO 7	Abst. Merkurknoten 0.00	ab 20.00; ab 5.00 bis 18.00; —	PFLANZZEIT	mm; °C max; °C min
DI 8	☊ 21.23	ab 6.00 (außer 19.30 bis 23.30)	PFLANZZEIT	mm; °C max; °C min
MI 9		ab 7.00; bis 5.30; ab 8.30	PFLANZZEIT	mm; °C max; °C min
DO 10			PFLANZZEIT	mm; °C max; °C min
FR 11	12.56	ab 19.00; bis 17.30; ab 20.30	PFLANZZEIT	mm; °C max; °C min
SA 12			PFLANZZEIT	mm; °C max; °C min
SO 13			PFLANZZEIT	mm; °C max; °C min

14 MO PFLANZZEIT

mm
°C max
°C min

15 DI PFLANZZEIT

ab 6.00
bis 4.30
ab 7.30

mm
°C max
°C min

16 MI PFLANZZEIT

ab 18.00
bis 16.30
ab 19.30

mm
°C max
°C min

17 DO PFLANZZEIT

mm
°C max
°C min

18 FR PFLANZZEIT

Pflanzzeit bis 16.51 Uhr

mm
°C max
°C min

19 SA
2.44

ab 5.00
bis 3.30
ab 6.30

mm
°C max
°C min

20 SO

mm
°C max
°C min

MO 21

SOMMERANFANG/SOMMERSONNENWENDE

mm
°C max
°C min

ab 17.00
bis 15.30
ab 18.30

DI 22

mm
°C max
°C min

(außer 5.15 bis 10.15; außer 18.30 bis 22.30)

Ag 7.08
☊ 20.25

MI 23

mm
°C max
°C min

DO 24

JOHANNISTAG

mm
°C max
°C min

ab 2.00
bis 0.30
ab 3.30

FR 25

mm
°C max
°C min

SA 26

mm
°C max
°C min

ab 4.00
bis 2.30
ab 5.30

SO 27

SIEBENSCHLÄFER

6.54

mm
°C max
°C min

28 MO

29 DI

ab 4.00

bis 2.30

ab 5.30

PETER UND PAUL

30 MI

ab 22.00

bis 20.30

ab 23.30

mm

°C max

°C min

Termine

- **Intern. Gartenausstellung (IGA) im Ruhrgebiet** – 23.04. bis 17.10.27
- **Landesgartenschau Wittenberge** – 21.04. bis 24.10.27
- **Landesgartenschau Oberhessen** – 22.04. bis 03.10.27
- **Landesgartenschau Aue-Bad Schlema** – 24.04. bis 03.10.27
- **Gartenschau Bad Urach** – 30.04. bis 03.10.27
- **Landesgartenschau Bad Windsheim** – 29.04. bis 03.10.27

Notizen

NUTZGARTEN

Gemüse

Letzte Chance zum Pflanzen

Für einige Gemüsearten schließt sich jetzt das Zeitfenster fürs Pflanzen. Das betrifft Fruchtgemüse wie Gurken, Tomaten, Zucchini, Kürbis und Auberginen. Aber auch für Kohlarten, die im Winter geerntet werden sollen, ist es nun höchste Zeit: Grünkohl, Palmkohl und Rosenkohl kommen an ihren endgültigen Platz, ebenso wie Kopfkohl und Blumenkohl.

Hübsche Alternative: Baumspinat

Normaler Spinat wird im Frühjahr oder Spätherbst geerntet – denn bei warmen, sommerlichen Temperaturen würde er in Blüte gehen. Eine tolle Alternative ist der unkomplizierte Baumspinat *(Chenopodium giganteum)*, auch als Riesen-Gänsefuß bekannt. Er trägt seinen Namen nicht zu Unrecht: Die Pflanzen sind schnellwüchsig und können sehr groß werden. Wer den Baumspinat im Frühjahr ausgesät hat, wird jetzt ernten können. Aber auch wer jetzt noch aussät, kann eine gute Ernte ab etwa Mitte August erzielen. Der Baumspinat ist eher anspruchslos und auch bei Schnecken nicht sonderlich beliebt. Er gedeiht am besten an einem sonnigen Standort auf gutem Gartenboden und freut sich, in trockenen Zeiten gegossen zu werden.

Die jungen Blätter sind magentafarben und werden mit der Zeit grün. Sie sollten wegen des hohen Gehalts an Oxalsäure (die auch im normalen Spinat oder im Mangold enthalten ist) vor dem Verzehr gekocht werden, das Kochwasser wird dann weggegossen. Anschließend kann der Baumspinat wie anderes Spinatgemüse entweder als Beilagengemüse oder zum Beispiel in einer Gemüsequiche oder Gemüsepfanne verzehrt werden.

Obst

Klein aber fein – die Walderdbeere

Die Walderdbeere *(Fragaria vesca)*, auch Monatserdbeere genannt, ist eine hierzulande heimische Pflanze. Sie ist damit auch keine Wildform der Gartenerdbeere *(Fragaria* x *ananassa)*, die aus Amerika stammt. Walderdbeeren bilden sehr viel kleinere, aber hoch aromatische Früchte aus. Es gibt sie in Rot und in Weiß. Sie bevorzugen einen halbschattigen Standort im Garten, und wenn es ihnen dort gefällt, verbreiten sie sich durch Ausläufer und Samen geradezu teppichartig. Sie eignen sich gut, um Gehölze zu unterpflanzen, sollten dann aber in Trockenzeiten gegossen werden. Die Früchte reifen

Der Baumspinat ist unkompliziert und gedeiht auch in Mischkultur mit anderen Gemüse- oder Blühpflanzen.

1 Walderbeeren sind aromatisch und sehen auch dekorativ aus. 2 Beim Borretsch isst man Blätter und Blüten.

vornehmlich von Juni bis August. Im Herbst können die Pflanzen vor der Ausbildung neuer Blütenknospen kräftig zurückgeschnitten und gedüngt werden – dann wird der Ertrag im Folgejahr noch besser.

TIPP: Die niedlichen weißen Blüten der Walderdbeeren sind auch bei nektarsuchenden Insekten sehr beliebt. Ein weiterer Grund, die Pflanzen in den Garten zu holen.

Wasserschosse beim Kernobst entfernen

Vor allem kräftig geschnittene Apfel- und Birnbäume bilden im Laufe der Zeit Wasserschosse aus, das sind steil nach oben wachsende Triebe, die kein Fruchtholz entwickeln. Sie werden im Sommer entgegen ihrer Wuchsrichtung herausgerissen, bevor sie verholzen. Anders als beim Schnitt werden auf diese Weise auch schlafende Augen mit entfernt.

Kräuter

Der Borretsch blüht

Traditionell wird Borretsch *(Borago officialis)* gerne als Begleitpflanze zu Gurken gesetzt. Er macht sich mit seinen hübschen blauen Blüten aber auch gut im Staudenbeet. Die Pflanze ist zudem bei Insekten sehr beliebt. Ein idealer Standort ist auf durchlässigem, nahrhaftem und feuchtem Boden. Er verträgt Sonne und Halbschatten. Gefällt es ihm an einem Ort, sät er sich gerne selbst aus.
Verwendet wird die ganze Pflanze, wobei die voll geöffneten Blüten eine sehr ansprechende Dekoration abgeben. Die Blätter gibt man klein gehackt an Salate, Dips oder Rührei.

ZIERGARTEN

Stauden

Für trockene Standorte und Steingarten

Die Polsterglockenblume, auch Dalmatiner Glockenblume *(Campanula portenschlagiana)* genannt, ist eine genügsame und anspruchslose kleine Staude, die von Juni bis August mit ihren pinken oder violetten Blüten erfreut. Sie eignet sich gut als flache Bepflanzung am auslaufenden Staudenbeet sowie zur Unterpflanzung von Gehölzen, muss dabei aber ausreichend Licht bekommen. Als eine Lebenskünstlerin erweist sich die für Steingärten geeignete Staude, wenn sie in Ritzen und Fugen gepflanzt wird. Vorausgesetzt, sie wird ab und an gegossen, entfaltet sie ihre Pracht auch unter widrigen Gegebenheiten. Sie bildet mitunter große Polsterflächen, die aber mühelos verkleinert werden können. Auch in Töpfen und Kübeln kommt sie gut zurecht. Nur stauende Nässe verträgt sie nicht – im Zweifelsfall sollte die Pflanzstelle mit etwas Kies angepasst werden.

Die Polsterglockenblume braucht nicht viel Platz.

Sträucher & Bäume

Duftende Holunderblüte

Der Schwarze Holunder *(Sambucus nigra)* wird als Teil einer Naturhecke immer beliebter. Er bietet Vögeln einen guten Nistplatz und die Blüte wird von Honigbienen, Fliegen und Käfern gerne besucht. Im Herbst stehen die dunklen Beeren auf der Speisekarte der heimischen Vogelwelt. Holunderbüsche werden je nach Pflege und Standort 3 bis 7 m hoch, sie können durch einen Schnitt nach der Herbsternte gut in Form gehalten werden. Im Juni betört der Holunder mit seinen cremeweißen Blüten, die einen süßen Duft verströmen. Diese können sowohl zur Herstellung eines leckeren Sirups mit Zuckerwasser eingekocht oder aber für die Teezubereitung getrocknet werden. Holunderblüten gelten als kräftigend und fiebersenkend und geben einer bunten Gartenteemischung eine süßliche Note.

Aus Holunderblüten lässt sich ein köstliches Gelee zubereiten.

Abgeblühte Gehölze ausputzen

Wenn Edelflieder *(Syringa vulgaris)*, Sommerflieder *(Buddleja)* oder Rhodendendron verblüht sind, lohnt es sich, verblühte Rispen herauszuschneiden bzw. Abgeblühtes auszuputzen. Denn dann müssen die Gehölze weniger Kraft in die Samenbildung stecken und werden im Folgejahr umso üppiger blühen.

Rasen

Mähen und düngen

In längeren Trockenperioden sollte der Rasen nicht zu tief gemäht werden, damit die Halme den Wurzelbereich beschatten können. Der Rasenschnitt kann dünn unter Gehölzen und im Staudenbeet verteilt werden und mindert dort die Verdunstung, während er von Mikroorganismen zersetzt wird und damit seine Nährstoffe freigibt. Der Rasen selbst kann Mitte bis Ende des Monats zum zweiten Mal im Jahr gedüngt werden. Achten Sie auf den Wetterbericht: Es sollte anschließend regnen oder aber der Rasensprenger muss zum Einsatz kommen.

GARTENTEICH

Natürlich schöne Randbepflanzung

Obwohl sie manchen Augen als exotisch erscheinen mag, ist die Sibirische Schwertlilie *(Iris sibirica)* eine in Deutschland heimische Pflanze. Allerdings werden ihre natürlichen Standorte immer weniger, denn sie liebt feuchte Wiesen, Teichufer oder Moorgebiete, die aufgrund von Trockenlegungen und Nutzungsintensivierungen schrumpfen. Im Garten kommt sie ebenfalls gut zurecht, besonders schätzt sie feuchte sonnige und auch halbschattige Standorte und ist damit ideal für die Einrahmung des Gartenteiches. Im Mai und Juni erfreut sie mit ihrer wunderschönen blauvioletten Blüte. Wenn diese vorbei ist, erinnert ihr Blattwerk an Schilf – ein weiterer Grund, sie in Teichnähe zu pflanzen. Die attraktiven Samenstände sind bis in den späten Herbst hinein ein Blickfang. Die Schwertlilie darf nur sehr zurückhaltend gedüngt werden. An Standorten, die ihr gefallen, verbreitet sie sich über ihre Rhizome, ist aber leicht in Schach zu halten.

1 Die Iris schätzt einen feuchten Standort, z. B. am Teichrand. 2 Margeriten machen sich gut in einem Korb mit anderen Einjährigen.

BALKON & TERRASSE

Bunt und fröhlich

Für gute Stimmung auf dem Balkon oder der Terrasse sorgen fröhlich bunt bepflanzte Kübel oder Körbe. Haben Sie den Mut zu unüblichen Farbkombinationen! Wählen Sie Pflanzen, die von ihren Kulturbedingungen gut zueinander passen, also volle Sonne benötigen oder lieber im Halbschatten stehen. Besonders wirkt die Bepflanzung, wenn einige Blumen eher aufrecht wachsen, wie z. B. Strauchmargeriten *(Argyranthemum frutescens)*, und andere einen etwas niedrigeren Wuchs haben, wie das Zauberglöckchen *(Calibrachoa)* oder der Husarenknopf *(Sanvitalia procumbens)*.

Einjährige gut versorgen

Im Balkonkasten oder Kübel sind die fleißig blühenden Einjährigen extremen Bedingungen ausgesetzt – wenig Wurzelraum, hohe Temperaturen, eventuell Wind. Damit sie bis zum Herbst durchhalten, sollten sie regelmäßig gedüngt werden. Tägliches Gießen verhindert, dass der Wurzelballen austrocknet – ist das erst passiert, wird es nämlich schwer, überhaupt wieder Wasser aufzunehmen.

GEWÄCHSHAUS & FRÜHBEET

Unfreiwillig gekocht

Tomaten lieben Wärme, aber nicht zuviel. Wird es im Gewächshaus zu heiß und treffen die Sonnenstrahlen direkt auf Blüten oder Fruchtansätze, kann das dazu führen, dass diese abgeworfen werden und es zu keiner Ernte kommt. Auch bereits ausgebildete größere Früchte können bei zu hohen Temperaturen regelrecht gekocht werden und verderben. Deshalb ist es jetzt besonders wichtig, regelmäßig zu lüften und zu schattieren.

TIERE IM GARTEN

Wellness für Regenwürmer

Sie sind die kleinen Helferlein, die unentwegt unsere Gartenbeete umgraben, indem sie organisches Material von der Oberfläche in die Tiefe der Erde ziehen. Wenn es aber nicht viel zu holen gibt, leiden sie Hunger. Beete mit viel nackter Erde sind für Regenwürmer totes Terrain. Mit einem Wellness-Angebot kann man sie hingegen anlocken: Verteilen Sie locker eine dünne Schicht aus organischem Material auf den Beeten. Das kann Rasenschnitt sein, Kaffeesatz, Laub oder anderes. Das schützt die Erde zusätzlich vor dem Austrocknen und bietet den Regenwürmern gleichzeitig reichlich Nahrung.

Tigerschnegel nicht vernichten

Nicht alle Nacktschnecken machen sich über Jungpflanzen und Salat her. Der Tigerschnegel – eine heimische Schneckenart, deren Musterung allerdings eher an das Fell eines Leoparden erinnert – verspeist vor allem verrottete Pflanzenteile sowie Pilze. Man sagt ihm nach, dass er auch die Gelege anderer Nacktschnecken fressen würde, allerdings können neuere Studien das nicht bestätigen. Ein Schädling ist er aber keinesfalls!

1

2

1 Wenn Tomaten unter Glas wachsen, sollte gut gelüftet werden. 2 Tigerschnegel sind geschützt und dürfen nicht vernichtet werden.

Auszeichnung der ADR-Rosen 2025

Von Dr. Daniela Christ

Acht Rosensorten überzeugten die unabhängigen Prüferinnen und Prüfer mit ihrer Widerstandsfähigkeit und Schönheit und dürfen nun das Gütezeichen „ADR-Rose“ tragen.

Was bedeutet die Auszeichnung?

Die Allgemeine Deutsche Rosenneuheitenprüfung (ADR) ist ein Arbeitskreis aus Vertretern des Bundes deutscher Baumschulen (BdB) e. V., des Bundessortenamtes, Rosenzüchtern und unabhängigen Experten. Seit 1948 steht die Allgemeine Deutsche Rosenneuheitenprüfung (ADR) für höchste Qualitätsansprüche bei Gartenrosen. Rosensorten, die das ADR-Prädikat tragen, wurden zuvor einer strengen Prüfung unterzogen, um den Gartenwert von Rosenneuheiten zu bewerten.

Im September 2025 trafen sich die Mitglieder des ADR-Arbeitskreises an der Hochschule Osnabrück, um über die Zukunft der Rosenproduktion in Deutschland zu diskutieren. Im Mittelpunkt der Tagung stand aber die Auszeichnung der ADR-Rosen 2025. Insgesamt 36 Sortenneuheiten der Züchterhäuser Austin, Delbard, Kordes, Lens, Meilland, NIRP, Noack, Schultheis, Tantau und Warner wurden über drei Jahre auf Gesundheit und Gartenwert getestet.

Nur die Sorten, die ihre Robustheit und Schönheit über 3 Jahre an bis zu 11 Standorten in ganz Deutschland ohne Einsatz von Fungiziden oder Insektiziden bewiesen haben, dürfen das begehrte Gütezeichen für 15 Jahre tragen. Eine Verlängerung ist nur möglich, wenn sie sich erneut der

ADR-Arbeitskreis 2025 in Osnabrück

Prämierte Rosenzüchter der Rosenschulen Kordes und Tantau

Prüfung unter den dann aktuellen Bedingungen stellen. Höchste Bedeutung hat dabei die Widerstandsfähigkeit gegenüber Blattkrankheitserregern wie Mehltau, Rost und Sternrußtau.

Die ausgezeichneten Rosen 2025

Mit der Kleinstrauchrose 'Pashmina®', der Beetrose 'Brinessa®' (Markteinführung 2027), den zwei Strauchrosen 'Lucky Red®' (2026) und 'Orange Juwel®' (2027) sowie einer weiteren noch unbenannten Beetrose wurden gleich fünf Sorten der Firma Kordes ausgezeichnet. Zwei weitere Sorten, die Zwergrose 'Little Susie®' und die Beetrose 'Medley® Pastel', stammen von Noack Rosen, während die Beetrose 'Orienta® Samira' (2027) von Tantau gezüchtet wurde.

Erneut bestanden haben in diesem Jahr die Sorten 'Lupo®' (Zwergrose, Kordes) und 'Stadt Rom®' (Kleinstrauchrose, Tantau).

Brinessa®

Beetrose

Züchter: Kordes
Einführung: 2027
Höhe: 90 cm
Breite: 70 cm
Wuchs: buschig, kompakt
Blüte: halbgefüllt-gefüllt, dunkelrosa
Duft: leicht
Blatt: mittelgrün, glänzend
Hagebutten: ja

Little Susie®

Zwergrose

Züchter: Noack
Einführung: 2021
Höhe: 50 cm
Breite: 90 cm
Wuchs: breitbuschig
Blüte: ungefüllt, dunkelrosa-violett mit weißer Mitte
Duft: nein
Blatt: mittelgrün, stark glänzend
Hagebutten: ja

Lucky Red®

Strauchrose

Züchter: Kordes
Einführung: 2026
Höhe: 140 cm
Breite: 100 cm
Wuchs: aufrecht
Blüte: stark gefüllt, magentarot
Duft: nein
Blatt: mittelgrün, leicht glänzend
Hagebutten: nein

Medley® Pastel

Beetrose

Züchter: Noack
Einführung: 2023
Höhe: 50 cm
Breite: 60 cm
Wuchs: breitbuschig
Blüte: halbgefüllt-gefüllt, hellrosa
Duft: leicht
Blatt: mittelgrün, sehr stark glänzend
Hagebutten: nein

Orange Juwel®

Strauchrose

Züchter: Kordes
Einführung: 2027
Höhe: 120 cm
Breite: 90 cm
Wuchs: buschig, kompakt
Blüte: halbgefüllt-gefüllt, rotorange
Duft: nein
Blatt: mittelgrün, glänzend
Hagebutten: ja

Orienta® Samira

Beetrose

Züchter: Tantau
Einführung: 2027
Höhe: 100 cm
Breite: 70 cm
Wuchs: halbaufrecht
Blüte: halbgefüllt, gelb mit roter Mitte
Duft: leicht
Blatt: dunkelgrün, sehr stark glänzend
Hagebutten: ja

Pashmina®

Kleinstrauchrose

Züchter: Kordes
Einführung: 2023
Höhe: 120 cm
Breite: 100 cm
Wuchs: breitbuschig, überhängend
Blüte: gefüllt, zartrosa, weiß verblassend
Duft: nein
Blatt: mittelgrün, leicht glänzend
Hagebutten: nein

JULI

Warum denn warten von Tag zu Tag?
Es blüht im Garten, was blühen mag.

Klaus Groth

Termine

- **Intern. Gartenausstellung (IGA) im Ruhrgebiet** – 23.04. bis 17.10.27
- **Landesgartenschau Wittenberge** – 21.04. bis 24.10.27
- **Landesgartenschau Oberhessen** – 22.04. bis 03.10.27
- **Landesgartenschau Aue-Bad Schlema** – 24.04. bis 03.10.27
- **Gartenschau Bad Urach** – 30.04. bis 03.10.27
- **Landesgartenschau Bad Windsheim** – 29.04. bis 03.10.27

Notizen

1 DO

mm
°C max
°C min

2 FR

PFLANZZEIT

Pflanzzeit ab 21.52 Uhr

mm
°C max
°C min

3 SA

PFLANZZEIT

ab 9.00
bis 7.30
ab 10.30

mm
°C max
°C min

4 SO

5.02
Aufst. Venusknoten 17.00
Pg 22.55

PFLANZZEIT

bis 5.00

mm
°C max
°C min

mm
°C max
°C min

ab 6.00
—
ab 11.00
PFLANZZEIT
MO 5

mm
°C max
°C min

ab 16.00
bis 14.30 (außer 2.15 bis 6.15)
ab 17.30
PFLANZZEIT
DI 6
☊ 4.14

mm
°C max
°C min

PFLANZZEIT
MI 7

mm
°C max
°C min

PFLANZZEIT
DO 8

mm
°C max
°C min

ab 2.00
bis 0.30
ab 3.30
PFLANZZEIT
FR 9

mm
°C max
°C min

PFLANZZEIT
SA 10
20.39

mm
°C max
°C min

PFLANZZEIT
SO 11

12 MO PFLANZZEIT
ab 12.00
bis 10.30
ab 13.30
mm
°C max
°C min

13 DI PFLANZZEIT
mm
°C max
°C min

14 MI PFLANZZEIT
ab 0.00
bis 22.30
—
mm
°C max
°C min

15 DO PFLANZZEIT
ab 1.30
Pflanzzeit bis 22.16 Uhr
mm
°C max
°C min

16 FR
ab 11.00
bis 9.30
ab 12.30
mm
°C max
°C min

17 SA
mm
°C max
°C min

18 SO
17.45
mm
°C max
°C min

MO 19

mm
°C max
°C min

ab 0.00
bis 22.30 (außer 12.00 bis 17.00)
—

Ag 13.52

DI 20

mm
°C max
°C min

ab 3.30

☊ 1.33

MI 21

mm
°C max
°C min

ab 9.00
bis 7.30
ab 10.30

DO 22

mm
°C max
°C min

FR 23

mm
°C max
°C min

BEGINN DER HUNDSTAGE

ab 11.00
bis 9.30
ab 12.30

SA 24

mm
°C max
°C min

SO 25

mm
°C max
°C min

Tag		Hinweise	Notizen	Wetter
26 MO	18.55	ab 12.00 bis 10.30 ab 13.30		mm °C max °C min
27 DI	Aufst. Merkurknoten 16.00	(außer 10.00 bis 22.00)		mm °C max °C min
28 MI		ab 7.00 bis 5.30 ab 8.30		mm °C max °C min
29 DO				mm °C max °C min
30 FR	PFLANZZEIT	ab 20.00 bis 18.30 ab 21.30	Pflanzzeit ab 7.47 Uhr	mm °C max °C min
31 SA	PFLANZZEIT			mm °C max °C min

Notizen

NUTZGARTEN

Gemüse

Lange Zeit Brokkoli ernten

Wer im Mai Brokkoli gepflanzt hat, wird ab Mitte Juli ernten können. Die klassischen Sorten bilden eine recht große Mittelblume, die dann geschnitten wird, wenn die Knospen bereits gut ausgebildet, aber noch fest geschlossen sind. Achtung, wenn es heiß ist, lockert sich die Blüte schnell und wird gelb! Darunter leidet der Geschmack. Nach dem Schnitt der Mittelblume können sich aus den Blattachseln noch viele Nebensprosse mit kleineren Blumen entwickeln, wenn die Pflanze weiterhin gut gepflegt wird. Sie sollte nun eine Düngergabe erhalten und regelmäßig gewässert werden. Dann sind kleinere Ernten noch bis in den September hinein möglich.

Doppelt nutzbar: der Spargelsalat

Der Spargelsalat (*Lactuca sativa* var. *angustana*), auch als Celtuce oder Chinesische Keule bekannt, ist eine einjährige Salatpflanze, die ab Juli erntereif ist. Nutzbar sind hier sowohl der kräftige Stiel als auch die Blätter, die wie ein normaler Blattsalat verwendet werden, allerdings recht fest sind. Der Stiel wird geschält und dann entweder roh geknabbert oder wie Kohlrabi gedünstet.
Die Kultur ist einfach. Der Spargelsalat bevorzugt einen sonnigen bis halbschattigen Standort mit nährstoffreichem, gut durchlässigem Boden. Ab April kann er direkt im Beet mit einem Abstand von mindestens 30 cm zwischen den Reihen und den einzelnen Pflanzen ausgesät werden. Eine Aussaat ist auch noch Anfang Juni möglich.

Knoblauch nicht zu spät ernten

Anfang Juli wird es meistens Zeit, den Knoblauch zu ernten. Noch halten die Zwiebeln durch die äußere Haut zusammen. Gräbt man sie später aus, lösen sich die einzelnen Zehen voneinander und die Zwiebeln zerfallen. Dann ist es nicht mehr so einfach, den Knoblauch zum Trocknen aufzuhängen, außerdem können Zehen unbemerkt in der Erde stecken bleiben.

1 Spargelsalat kann zu beträchtlicher Größe heranwachsen. 2 Knoblauch sollte rechtzeitig geerntet werden.

Rezept

Marinierte Zucchini

Zutaten:

1 große oder mehrere kleine Zucchini, etwa 500 g
1 mittelgroße Zwiebel
1 Knoblauchzehe
2 Zweige Rosmarin, je nach Geschmack etwas frische Chili
2 EL Olivenöl
1 EL Essig
Currypulver, 1 TL Zucker, Salz

Zubereitung:

Die Zucchini halbieren, die wattige Mitte auskratzen und die Zucchini zu dünnen Streifen zerschneiden. Die Zwiebel schälen und würfeln. Das Olivenöl in einer Pfanne erhitzen und die Zucchinistreifen darin bei mittlerer Hitze anbraten, sie sollen dabei leicht bräunen. Nach etwa 5 Minuten die gewürfelten Zwiebeln dazugeben. Die Rosmarinnadeln vom Zweig abstreifen und etwas zerkleinern, zusammen mit etwas zerkleinerter Chili (nach Geschmack) zum Gemüse geben. Nach 12 bis 15 Minuten die Hitze ausschalten. Das Gemüse mit einer kleinen Menge Curry sowie dem Zucker und etwas Salz abschmecken. Während die Zucchini abkühlen, die Knoblauchzehe pressen und mit dem Essig vermengen. Unter das lauwarme Gemüse mischen.
Wenn das Gemüse Zimmertemperatur hat, noch einmal umrühren. Dann wird es in den Kühlschrank gestellt und sollte vor dem Verzehren mindestens 12 Stunden ziehen. Zwischendurch bei Gelegenheit noch einmal umrühren!

Obst

Stachelige Sträucher mit süßen Beeren

Stachelbeeren *(Ribes uva-crispa)* aus dem Handel haben häufig eine saure harte Schale, denn so sind sie besser transportfähig. Im Garten können Sie Sorten anbauen, die weicher und gleichmäßig süß sind. Da macht das Naschen viel mehr Spaß! Je nach Sorte reifen die Beeren zwischen Ende Juni und Anfang August. Zuerst werden die außen wachsenden Beeren gepflückt – sie bekommen am meisten Sonne. Die weiter innen wachsenden Früchte reifen langsamer. Je später man erntet, desto süßer werden sie. Wer allerdings Marmelade kochen möchte, sollte früher ernten, da die Fruchtsäure für ein besseres Aroma sorgt. Mittlerweile gibt es einige Züchtungen, die kaum noch anfällig für Mehltau sind, der noch vor einer Generation vielen Gärtnern den Stachelbeeranbau verleidet hat. Empfehlenswert ist z. B. die mildaromatische grüne Sorte 'Invicta' oder die rötliche 'Redeva'.

TIPP: Fast schwarz ist die verwandte Schwarze Honigbeere *(Ribes divaricatum)*, die in den USA und Kanada angebaut wird, bei uns aber wenig bekannt ist. Die essbaren Beeren sind süß, der Ertrag allerdings nicht sehr hoch. Zudem werden sie gerne von Vögeln genascht, was sie neben ihren vielen Stacheln zu einem wertvollen Gehölz u. a. für Vögel macht, daher findet man sie im Handel auch unter dem Namen Dornenbeere. Die Sträucher sind sehr anspruchslos und winterhart.

Kräuter

Eine gute Zeit für Teekräuter

Grundsätzlich ist die Zeit kurz vor der Blüte ideal, um Teekräuter zu schneiden. Das ist oft, aber nicht immer, im Juli der Fall. Eine gute Mischung für einen Gartentee, der im Herbst und Winter wärmt, besteht aus Minze, Salbei und Thymian. Auch Lavendelblüten für eine Abendmischung oder belebender Rosmarin für einen Nachmittagstee passen dazu. Man sollte nicht mehr als ein Drittel der Blattsubstanz einer Pflanze wegnehmen, lieber schneiden Sie zu einem späteren Zeitpunkt noch einmal.

ZIERGARTEN

Stauden

Im Beet nach der Höhe staffeln

Wird ein Beet neu bepflanzt, lässt sich die endgültige Größe der Stauden und damit die Wirkung des Gesamtarrangements nur ungefähr erahnen. Im Juli, auf dem Höhepunkt der Entwicklung vieler Stauden, erkennt man am besten, welche Pflanze wie hoch wird und ob eine optisch ideal erscheinende Staffelung der Höhe stattfindet. Falls das nicht stimmig wirkt, ist der Hochsommer eine ungünstige Zeit, um die Stauden neu zu verpflanzen. Es ist aber ein idealer Zeitpunkt, um die Wirkung des Beetes mit ein paar Fotos zu dokumentieren und dann nach Ende der Hauptblüte im Herbst mögliche Umpflanzaktionen vorzunehmen.

1 Viele Teekräuter sind jetzt erntefähig. 2 Das Staudenbeet leuchtet im Hochsommer in kräftigen Farben.

Zwiebel- & Knollenblumen

Dahlien zeigen ihre ganze Pracht

Das Ausgraben und Überwintern hat sich gelohnt, wenn man im Hochsommer die üppige Blütenpracht der Dahlien bewundern kann. Ursprünglich stammt diese beeindruckende, aber frostempfindliche Blume aus Mittelamerika. Dort wurden ihre Knollen sogar ähnlich wie Kartoffeln verzehrt. Heute gibt es Züchtungen in unendlich vielen Größen, Formen und Farben.

Hortensien entwickeln jetzt ihre ganze Pracht. Die Blütenstände erfreuen noch eine lange Zeit.

Sommerblumen

Fröhlich durchs Jahr mit Ringelblumen

Sie sind unkompliziert und sorgen mit ihren gelben oder orangenen Blüten für gute Laune. Die Ringelblume *(Calendula officinalis)* ist eine einjährige Blume, die ihren festen Platz in Bauerngärten hat und sich auch im Staudenbeet gut macht. Wenn sie regelmäßig gegossen und Verblühtes heruntergeschnitten wird, dauert die Blütezeit mehrere Wochen. Die sichelförmigen Samen lassen sich nach der Blüte leicht abstreifen. Getrocknet halten sie problemlos bis zum nächsten Jahr und können dann im späten Frühjahr am gewünschten Ort wieder ausgesät werden. Aber auch ohne diese Unterstützung sorgt die Ringelblume für Nachwuchs, wenn ihr der Standort gefällt, und sät sich einfach selbst aus.
Sie sorgt nicht nur für Farbtupfer im Beet, sondern fördert ebenso die Bodengesundheit, denn sie verträgt sich in Mischkultur mit allen Pflanzen und ist gut gegen Nematoden (kleine lästige Fadenwürmer im Boden). Deshalb ist es eine gute Idee, einige Ringelblumen auch ins Gemüsebeet zu setzen.

Sträucher & Bäume

Üppige Blüte im Halbschatten

Hortensien gibt es in sehr vielen Farben und Formen. Zwergformen eignen sich bei ausreichender Wasserversorgung gut für die Haltung in Töpfen. Die klassische Bauernhortensie *(Hydrangea macrophylla)* mit einer Höhe bis maximal 2 m und großen runden Blütenbällen sorgt für Blütenpracht in größeren Kübeln und an halbschattigen Standorten im Garten. Etwas größer werden Schneeballhortensien *(Hydrangea arborescens)*, am bekanntesten ist sicherlich die breitbuschig wachsende Sorte 'Annabell', die von etwa Ende Juni bis Anfang September riesengroße kugelige Blüten zeigt, die sich von leicht grünlich zu reinem leuchtenden Weiß färben. Noch größer und mit elegant wirkenden Blütenris-

1 Auch wenn die Wildblumenwiese jetzt wunderbar blüht, ist nun Zeit fürs Mähen. ***2*** *Vögel und Insekten freuen sich über eine Wasserstelle im Garten.*

pen sind Sorten der Rispenhortensie *(Hydrangea paniculata)*, die an einem passenden Standort bis zu 4 m groß werden können.

Rosen

Kaffeesatz bei Eisenmangel

Wenn die Blätter der Rosen gelb werden und nur noch die Blattadern grün bleiben, leiden die Pflanzen an Eisenmangel. Dieser kann bei einem hohen pH-Wert im Boden entstehen, auch wenn die Eisenversorgung eigentlich ausreichend gut ist – denn dann können die Pflanzen den Mikronährstoff nur schwer aufnehmen. Ein spezieller Eisendünger hilft akut, löst aber nicht das eigentliche Problem. Um den Boden saurer zu machen, können Sie regelmäßig Kaffeesatz um die Rose herum dünn ausstreuen. Auch eine Mischung aus Tannennadeln und Laub als Mulch säuert den Boden.

Rasen

Zeit, die Wiese zu mähen

Wer eine Blumenwiese angelegt hat, sollte jetzt zum ersten Mal im Jahr mähen, wenn die Hauptblüte der Wildblumen stattgefunden hat. Dabei sollte man nicht zu tief schneiden, ideal ist eine Höhe von knapp 10 cm. Ein weiterer Schnitt kann im frühen Herbst vorgenommen werden.

TIERE IM GARTEN

Längere Trockenzeiten machen den Tieren im Garten zu schaffen. So freuen sich insbesondere Vögel – ebenso wie Insekten – sehr über ein Wasserbecken, da sie Wasser nicht nur zum Trinken, sondern auch zur Pflege des Gefieders und zur Abkühlung brauchen. Spaß macht es ihnen obendrein. Achten Sie darauf, das Wasser regelmäßig zu wechseln, da sich gerade bei Wärme Keime sehr schnell vermehren. Mindestens einmal am Tag sollten Sie das Vogelbad grob reinigen und frisches Wasser geben.

Wasser im Garten clever managen

Von Jens Maute

Die Methode „Slow it, spread it, sink it" – verlangsamen, verteilen, versickern – ist eng mit dem US-amerikanischen Permakultur-Experten Brad Lancaster verbunden. Er hat diesen Leitsatz in seinen Büchern populär gemacht und in der Praxis angewendet.

Der Grundgedanke des Regenwassermanagements durch Verlangsamen, Verteilen und Versickern ist allerdings keine neue Erfindung. Traditionelle Kulturen in verschiedenen Teilen der Welt haben bereits ähnliche Techniken genutzt.

Das Ziel dieser Zermürbungstaktik ist es, dem Regenwasser von Anfang an den Wind aus den Segeln zu nehmen. Lange bevor das Wasser an irgendeiner Stelle durch Erosion Schaden anrichtet, wird daran gearbeitet, das Gefahrenpotenzial zu entschärfen. Wenn sich in einem tiefer gelegenen Bereich des Grundstücks bereits relativ viel Wasser angesammelt hat und dieses auch noch recht schnell abfließt, ist der Schaden bereits eingetreten.

Vielleicht finden Sie in Ihrem Garten solche Stellen, an denen Erosion auftritt. Selten ist ein Garten völlig eben. Prüfen Sie, von wo nach wo das Wasser fließt. Von oben nach unten wird diese Taktik gegenüber dem Wasser konsequent angewendet. Für eine kleine Erosionsrinne, die sich gebildet hat, reicht oft schon ein kleiner Sickergraben, der zudem schnell angelegt ist.

Wasser verlangsamen

Man kann sich leicht vorstellen, welche Kraft „entfesseltes Wasser" hat. Deshalb sollten Sie dafür sorgen, dass sich das Wasser in Ihrem Garten ruhig verhält. Es soll sich gar nicht erst in Bewegung setzen und eine zerstörerische Wirkung entfalten können. Und wenn doch, sollten Sie dafür sorgen, dass die Fließgeschwindigkeit des Wassers wieder verlangsamt wird. Denn schnell fließendes Wasser kann großen Schaden anrichten. Es spült Erde weg, unterspült Wege, überflutet Beete und hinterlässt oft ein Chaos. Je langsamer das Wasser fließt, desto mehr kann versickern und desto weniger Schaden richtet es an. Ziel ist es, das Wasser frühzeitig sanft zu bremsen und zu verteilen.

Hanggärten

In einem Garten mit Hanglage können Sie kleine Hügel quer zum Hang anlegen, um den Wasserabfluss zu bremsen. Unterstützen Sie dies, indem Sie entlang der Fließrichtung Stauden oder Bodendecker pflanzen, die den Boden stabilisieren und Wasser speichern. Statt glatter Wege bieten Kiesflächen oder Trittplatten mit Fugen zusätzliche Versickerungsflächen. So lenken und bremsen Sie das Wasser gezielt und fördern eine bessere Durchfeuchtung Ihres Gartens.

Wasser verteilen

Wo immer es möglich ist, machen wir aus einem großen Rinnsal viele kleine Rinnsale. Je weniger Wasser in jedem einzelnen Rinnsal fließt, desto mehr Wasser gelangt in den Boden. Und jedes einzelne Rinnsal hat weniger Kraft als das große Rinnsal vorher. Von Anfang an überlegen wir, wie wir ein kleines Rinnsal am besten in zwei noch kleinere teilen. Diese Zermürbungstaktik wenden wir dem Wasser gegenüber von Anfang an. Große

1 *Kleine Wasserläufe verteilen Wasser.*
2 *Regenwasser im „Zwischenspeicher“*

Wasserfälle lassen sich mit großen Mauern nicht mehr auffangen. Aber von Anfang an können wir das Wasser systematisch auf möglichst viele Flächen verteilen und damit „den Ball flach halten".

Hanglage

Gerade in Hanglagen oder auf stark geneigten Flächen fließt Regenwasser oft schnell und konzentriert ab und entwickelt dabei eine enorme Kraft. Diese geballte Wassermenge kann Erde abtragen, Pflanzen auswaschen und Wege unterspülen. Versuchen Sie, dieses Wasser großflächig auf eine oder mehrere Gartenflächen zu verteilen. Ziel ist es, das Wasser bereits frühzeitig, also weit oben am Hang, in viele kleine, unauffällige Rinnsale zu zerteilen. Denn je breiter die Verteilung, desto kleiner die Schäden. Das Wasser von Wegen oder Terrassen kann mit leichtem Gefälle gezielt in seitlich angelegte Versickerungsmulden geleitet werden. Statt es an einer Stelle zu sammeln, verteilen mehrere kleine Mulden den Abfluss entlang des Weges und fördern so die Versickerung. Aus einem großen, sichtbaren Wasserlauf werden viele kleine, fast unsichtbare Wege, auf denen das Wasser friedlich versickert.

Wasser versickern

Statt im Garten Schaden anzurichten, etwa durch Bodenerosion, Pfützenbildung oder Überschwemmung von Beeten, sollte Regenwasser möglichst dort versickern, wo es auftrifft. Damit es versickern und vom Boden aufgenommen werden kann und so dem Garten erhalten bleibt, muss es eine gewisse Zeit an einer Stelle stehen bleiben. Nur bei sehr sandigen Böden kann das Wasser direkt versickern. Die gespeicherte Feuchtigkeit steht den Pflanzen dann in tieferen Bodenschichten zur Verfügung, was besonders in trockenen bzw. niederschlagsarmen Zeiten von großem Vorteil ist. Die Regenwasserversickerung fördert nicht nur die Pflanzengesundheit, sondern trägt auch zur Stabilisierung des Kleinklimas im Garten bei. Der Boden bleibt länger feucht, das Pflanzenwachstum wird gefördert und die Verdunstung aus dem Boden sorgt für eine angenehme Luftfeuchtigkeit. Außerdem hilft die Versickerung, das Grundwasser auf natürliche Weise aufzufüllen.

AUGUST

Am leuchtenden Sommermorgen geh ich im Garten herum. Es flüstern und sprechen die Blumen, ich aber, ich wandle stumm.

Heinrich Heine

Termine

– **Intern. Gartenausstellung (IGA) im Ruhrgebiet** – 23.04. bis 17.10.27
– **Landesgartenschau Wittenberge** – 21.04. bis 24.10.27
– **Landesgartenschau Oberhessen** – 22.04. bis 03.10.27
– **Landesgartenschau Aue-Bad Schlema** – 24.04. bis 03.10.27
– **Gartenschau Bad Urach** – 30.04. bis 03.10.27
– **Landesgartenschau Bad Windsheim** – 29.04. bis 03.10.27

Notizen

1 SO

PFLANZZEIT

ab 17.00

bis 15.30

ab 18.30 bis 20.30

NATIONALFEIERTAG (CH)

mm

°C max

°C min

MO 2

mm
°C max
°C min

TOTALE SONNENFINSTERNIS
Sichtbarkeitsgebiet: Afrika, Europa, naher Osten, westliches und südliches Asien. Total in Marokko, Spanien, Algerien, Tunesien, Libyen, Ägypten, Saudi-Arabien, Jemen, Somalia
Anfang: 8.30 Uhr MEZ
Maximum (größte Phase): 11.06 Uhr MEZ
Ende: 13.43 Uhr MEZ

ab 20.30

PFLANZZEIT

12.05
Pg 8.28
☋ 14.33

DI 3

mm
°C max
°C min

ab 2.00
bis 0.30
ab 3.30

PFLANZZEIT

MI 4

mm
°C max
°C min

PFLANZZEIT

DO 5

mm
°C max
°C min

ab 10.00
bis 8.30
ab 11.30

PFLANZZEIT

FR 6

mm
°C max
°C min

PFLANZZEIT

SA 7

mm
°C max
°C min

PFLANZZEIT

SO 8

mm
°C max
°C min

ab 18.00
bis 16.30
ab 19.30

PFLANZZEIT

9 MO 6.54 — PFLANZZEIT

mm °C max °C min

10 DI — PFLANZZEIT

ab 6.00

bis 4.30

ab 7.30

mm °C max °C min

11 MI — PFLANZZEIT

Aufst. Marsknoten 16.00

bis 4.00

mm °C max °C min

12 DO — PFLANZZEIT

ab 17.00

ab 4.00 bis 15.30

ab 18.30

Pflanzzeit bis 4.05 Uhr

mm °C max °C min

13 FR

mm °C max °C min

14 SA

mm °C max °C min

15 SO

ab 6.00

Ag 16.23

bis 4.30

ab 7.30 (außer 14.30 bis 19.30)

MARIÄ HIMMELFAHRT

mm °C max °C min

MO 16

mm
°C max
°C min

(außer 5.00 bis 10.00)

☊ 7.51

DI 17

mm
°C max
°C min

HALBSCHATTEN-MONDFINSTERNIS

In Europa nicht sichtbar, außer in Portugal und Spanien.
Sichtbarkeitsgebiet: Süd-West-Europa, Nord-Asien, großteil von Australien, Nord-, West-Afrika, Nordamerika, Südamerika, Pazifik, Atlantik, Antarktis
Eintritt in Halbschatten: 7.25 Uhr MEZ
Maximale Verdunklung: 9.14 Uhr MEZ
Austritt aus Halbschatten: 11.03 Uhr MEZ

ab 15.00
bis 13.30
ab 16.30

9.29

MI 18

mm
°C max
°C min

DO 19

mm
°C max
°C min

ab 17.00
bis 15.30
ab 18.30

FR 20

mm
°C max
°C min

SA 21

mm
°C max
°C min

SO 22

mm
°C max
°C min

ab 18.00
bis 16.30
ab 19.30

23 MO

ENDE DER HUNDSTAGE

mm
°C max
°C min

24 DI

ab 14.00
bis 12.30
ab 15.30

mm
°C max
°C min

25 MI

4.27

mm
°C max
°C min

26 DO

PFLANZZEIT

Pflanzzeit ab 16.14 Uhr

mm
°C max
°C min

27 FR

PFLANZZEIT

ab 5.00
bis 3.30
ab 6.30

mm
°C max
°C min

28 SA

PFLANZZEIT

mm
°C max
°C min

29 SO

PFLANZZEIT

ab 3.00
bis 1.30
ab 4.30 bis 23.00

mm
°C max
°C min

mm

°C max

°C min

ab 13.00

ab 3.00 bis 5.45

—

PFLANZZEIT

MO 30

☋ 1.01

Pg 17.36

mm

°C max

°C min

ab 5.45

PFLANZZEIT

DI 31

19.41

Notizen

ALLGEMEINE ARBEITEN

Richtig gießen

Während längerer Trockenzeit kommt es sehr darauf an, richtig zu gießen. Es bringt nichts, täglich ein wenig Wasser zu geben, das nur knapp in die Erdoberfläche eindringt und am Tag darauf schon verdunstet ist. Besser ist es, alle paar Tage durchdringend zu wässern – und das dauert meist länger, als man denkt. Machen Sie einmal den Test und schauen Sie ein paar Minuten nach dem Gießen mit der Kelle nach, wie tief das Wasser eingesickert ist. Hacken Sie am Tag nach dem Gießen, um die Kapillaren in der Erde zu durchtrennen, das mindert die Verdunstung. Auch etwas Mulch, z. B. vom Rasenschnitt, hilft dabei, die Feuchtigkeit im Boden zu halten.

NUTZGARTEN

Gemüse

Wer baut noch Erbsen an?

Sie gehören zu den ältesten menschlichen Kulturpflanzen und werden in Mitteleuropa seit der Jungsteinzeit kultiviert. Dennoch findet man Erbsen heute in den Gärten immer seltener. Dabei sind sie ein unkompliziertes und gesundes Gemüse. Man unterscheidet drei Arten: Zuckererbsen, bei denen die ganze Frucht, also die Hülsen jung verzehrt werden. Diese sind besonders in Gemüsepfannen und für Asia-Gerichte beliebt. Der Klassiker unter den Erbsen ist die Palerbse, hier werden die Erbsen aus den Hülsen gepalt, also herausgelöst. Sie können roh in kleineren Mengen verzehrt oder aber gekocht werden, z. B. in einer klassischen Erbsensuppe. Wer mehr angebaut hat, als er unmittelbar braucht, kann Palerbsen für die spätere Verwendung trocknen – dann müssen sie voll ausgereift sein. Nicht zum Trocknen eignen sich Markerbsen, für die Bevorratung können sie aber eingefroren werden.

Beste Zeit für knackige Gurken

Im Sommer reifen Gurken oft so schnell, dass man mit der Ernte kaum nachkommt. Für Salatgurken gilt, dass sie am besten morgens gepflückt werden. Zu dieser Zeit haben die Pflanzen nach einem warmen Tag über Nacht wieder Wasser eingelagert und die Früchte sind schön knackig. Lieber die Gurken etwas zu früh als zu spät abnehmen, sie

1

2

müssen noch fest und durchgehend grün sein. Haben sie schon weiche Stellen, sind sie überreif.

Kohlpflanzen giftfrei schützen

Der Kohlweißling fliegt auf Rotkohl oder Weißkohl, Wirsing, Grünkohl oder Rosenkohl und verschmäht auch Rauke und Rettich nicht. Wenn der hübsche weiße Falter seine Eier auf die Unterseiten der Blätter legt, dauert es nicht lange, bis daraus gefräßige Raupen werden, die binnen weniger Tage eine ganze Pflanze soweit schädigen, dass sie nicht mehr brauchbar ist. Die Raupen können händisch abgesammelt und vernichtet werden. Auch mit Insektiziden kann man ihrer Herr werden, was aber nicht gerade umweltfreundlich ist. Eine bequeme und ökologische Lösung des Problems liegt darin, den Faltern die Eiablage unmöglich zu machen, indem die Pflanzen durch einen mit einem Gemüsenetz überspannten Tunnel geschützt werden. Solche Netze können über mehrere Jahre verwendet werden.

1 Erbsen frisch aus der Hülse können auch roh genascht werden - besonders mögen das Kinder!
2 Gemüsenetze schützen vor dem Kohlweißling.

Kräuter

Zitronenverbene für erfrischende Getränke

Die Zitronenverbene *(Aloysia citrodora)* trägt ihren Namen zu Recht: Die Blätter schmecken fruchtig-zitronig. Gerne werden sie als Bestandteil von Teemischungen verwendet. Im Sommer lässt sich aber auch ein erfrischendes Getränk daraus herstellen. Man lässt dafür ein bis zwei Zweige ein paar Stunden lang in einem Liter kalten Wasser ziehen – das funktioniert mit stillem Wasser ebenso wie mit Sprudel.

Herbsthimbeeren starten

Jetzt werden die ersten Herbsthimbeeren reif, die an einem sonnigen Platz bis in den Oktober hinein geerntet werden können. Sie sind weniger empfindlich als die Sommersorten. Nach der Ernte im Spätherbst werden sie bodentief abgeschnitten.

Rezept

Himbeeressig

Zutaten:
400 ml Apfelessig oder weißen Balsamico
200 g Himbeeren

Zubereitung:
Die Himbeeren sorgfältig verlesen, es dürfen keine Früchte mit Schadstellen verwendet werden. Beeren in ein Schraubglas füllen (ideal sind mittelgroße Twist-Off-Gläser, die etwas mehr als 600 ml fassen) und mit dem Essig aufgießen. An einem dunklen zimmerwarmen Ort 2 Wochen ziehen lassen. Durch einen Teefilter oder ein sehr feines Sieb in eine Flasche abgießen. Der Essig hält sich im Kühlschrank etwa 1 Jahr.

Skabiosen sind unkompliziert und wirken sehr natürlich.

ZIERGARTEN

Stauden

Unkomplizierte Skabiose

Von Juli bis in den Herbst hinein ist die Blütezeit der sehr natürlich wirkenden Skabiose *(Scabiosa)*. Sie wird bis zu 70 cm hoch und eignet sich daher für einen mittleren Platz im Staudenbeet. Idealerweise setzt man fünf bis zehn Exemplare der eher zarten Blume auf einen Quadratmeter, damit sie gut zur Geltung kommen. Es gibt sie in vielen Farben von Weiß über Rosa bis Blau. Bevorzugt wird ein durchlässiger Boden und sonniger Standort. Sie harmonieren gut mit anderen natürlich wirkenden Stauden wie Schafgarbe, Sonnenhut *(Echinacea)*, Malven und Lichtnelken aber auch mit Gräsern. Von Bienen und Schmetterlingen werden sie gerne umschwärmt. Wenn Verblühtes regelmäßig entfernt wird, bilden sie unermüdlich neue Blüten.

Zwiebel- & Knollenblumen

Herbstblühende Zwiebelblumen setzen

Ja, es gibt Krokusse, die im Herbst blühen! Der bekannteste ist der Safrankrokus *(Crocus sativus)*, der in Folge des Klimawandels mittlerweile auch hier angebaut werden kann. Daneben gibt es eine ganze Reihe herbstblühender Krokusse in Blau, Lila und Weiß. Recht ähnlich sehen die in Europa heimischen Herbstzeitlosen *(Colchicum autumnale)* aus. Sie sind etwas größer, duften gut und sind eine späte Nahrungsquelle für Insekten. Allerdings sind sie sehr giftig und sollten deshalb nicht in Gärten mit kleineren Kindern stehen. Der Unterschied zum Krokus lässt sich bei geöffneter Blüte erkennen. Herbstzeitlose haben sechs Staubblätter und Krokusse nur drei. Wenn Sie sich im Herbst an den Blüten erfreuen möchten, ist es jetzt an der Zeit, die Zwiebeln zu setzen.

Sträucher & Bäume

Feinschnitt für den Buchsbaum

Während das Frühjahr eine gute Zeit ist, um einen Buchs kräftig zu schneiden, liegt im Sommer der Feinschnitt an. Hierbei werden vor allem solche Triebe entfernt, die sich über die im Frühjahr festgelegte Form hinausstrecken. Damit wird der Buchs wieder ansehnlicher.

Hecken in Form halten

Liguster, Hainbuche und Thuja bekommt ein Formschnitt bis Mitte August sehr gut, weil dieser beruhigend auf das Wachstum wirkt. Im Winterschnitt ist bei Verletzung der Rinde die Wundinfektion größer. Das Bundesnaturschutzgesetz erlaubt zwischen März bis September ohnehin nur kleine Schnittmaßnahmen. Kontrollieren Sie vorher, ob Vögel in der Hecke nisten!
Wenn Ihre Hecke im unteren Bereich verkahlt, sollten Sie leicht trapezförmig schneiden, also oben schmaler als unten – dann wird die gesamte Hecke besser belichtet.

GARTENTEICH

Spätestens jetzt Seerosen teilen

Sie sind beliebt wegen ihrer langen schönen Blüte. Doch nach 3 bis 4 Jahren brauchen Seerosen oft mehr Platz im Teich, als gewünscht. In diesem Fall entnimmt man die Pflanzen, teilt sie und setzt nur ein Stück im separaten Pflanzkorb wieder ein. Das sollte spätestens im August geschehen, damit die Pflanze sich bis zum Winter noch gut etablieren kann.

BALKON & TERRASSE

Fit machen für die letzten Wochen

Einjährige Blühpflanzen in Kübeln und Kästchen haben sich jetzt schon über eine lange Zeit verausgabt. Vielleicht sehen sie schon etwas zerzaust aus. Es lohnt sich, sie einmal gründlich durchzuputzen und nach innen wachsende Triebe zu entfernen, um etwas Luft zu schaffen.
Bis zum Ende des Monats sollten sie noch etwa alle 2 Wochen gedüngt werden. Manchmal ist der Wurzelballen während besonders heißer Tage durchgetrocknet und sie können nun schlecht Dünger und neues Gießwasser aufnehmen. Dann kann es sich lohnen, sie einmal in einen Bottich mit Wasser zu stellen, damit sie sich komplett vollsaugen können. Sie werden es mit neuer Blühkraft danken.

1 + 2 *Wer die Hecke von Hand schneidet, kann dabei gut auf etwaige Bewohner aufpassen.*
3 *Seerosen können mit einem scharfen Messer geteilt werden.*

Einen Trockenrahmen für Kräuter bauen

Von Dr. Karen Meyer-Rebentisch

Wenn im Sommer die Kräuter im Garten kräftig gewachsen sind, ist es an der Zeit, einen Vorrat für den Winter anzulegen. Das beste Aroma haben die Blätter von Tee- und Küchenkräutern in der Regel kurz vor der Blüte. Aber auch die Blüten selbst – z. B. von Lavendel oder Dufttagetes – können verwendet werden. Geerntet wird idealerweise an einem sonnigen Vormittag, wenn etwaiger nächtlicher Tau abgetrocknet ist. Getrocknet werden die Kräuter immer an einem schattigen Ort, niemals in der prallen Sonne. Gut geeignet ist ein luftiger Raum im Haus.

Das Material – benötigt werden:

- 4 Holzleisten – in diesem Fall haben sie einen Durchmesser von 2,5 × 2 cm, es kommt aber nicht genau darauf an. Die beiden längeren Leisten messen 60 cm und die beiden kürzeren 40 cm, auch hier kann die Länge nach Bedarf oder vorhandenem Material angepasst werden.
- 1 Stück Stoff (z. B. ein Geschirrhandtuch oder eine Stoffserviette), dessen Kantenlänge derjenigen der kürzeren Leiste entspricht.
- farblich passende Kordel bzw. Schnur
- 4 Holzschrauben und 4 Ösenschrauben
- 1 Schlüsselring
- ggf. Acrylfarbe zur farblichen Gestaltung

Schritt 1

Legen Sie die Leisten und das Stoffstück so aus, dass der Stoff von den Holzleisten eingerahmt wird. Die Größe des Stoffs sollte so beschaffen sein, dass die längeren Leisten noch etwas überstehen. Markieren Sie die vier Stellen, wo die kur-

zen Leisten auf die langen Leisten treffen – und zwar auf der Außenseite der langen Leisten. Bohren Sie dort jeweils ein Schraubloch für die spätere Verbindungen vor und bohren Sie je nach Länge der Leiste weitere Löcher, durch die später die Kordel gezogen wird, an der Kräuterzweige aufgehängt werden können.

Schritt 2

Schrauben Sie den Rahmen an den vier Stellen zusammen, an denen die Leisten aufeinandertreffen.

Möchten Sie den Rahmen farblich gestalten, so ist anschließend der richtige Zeitpunkt dafür, ihn anzumalen.

Schritt 3
Die Kordel wird durch die vorgebohrten Löcher zwischen den überstehenden Leisten gezogen. Wenn sie sich schwer einfädeln lässt, hilft es, sie an der Spitze vorübergehend mit Klebeband zu umwickeln und daraus eine kleine Spitze zu formen.

Schritt 4
Die vier Ösenschrauben werden in das Gestell dort eingeschraubt, wo die Ecken des Stoffes auf den Rahmen treffen – dazu sollten kleine Schraublöcher vorgebohrt werden. An den Ösenschrauben wird dann das Stoffstück mit einigen Stichen angenäht, so dass es locker im Rahmen hängt. Für die Aufhängung wird nun die Schnur durch die Ösen gezogen. Mit der Länge der Kordel entscheiden Sie, wie hoch der Trockenrahmen hängen soll. Die Schnüre werden mittig über dem Rahmen miteinander verknotet und der Schlüsselring wird zur Aufhängung eingezogen. Ersatzweise kann auch ein weiteres Stück Kordel zu einer Schlinge für die Aufhängung eingeknotet werden.

Schritt 5
Einzelne Blätter, Blüten oder kleine Zweige werden lose zum Trocknen auf das Stoffstück ausgelegt. Mehrere zu einem Strauß gebundene oder verästelte Zweige können direkt an die Kordeln gehängt werden. Je nach Größe des Materials und je nach Luftfeuchtigkeit sollten die Kräuter in 4 bis 7 Tagen komplett durchgetrocknet sein. Das erkennen Sie daran, dass sie zerbröseln oder zerbrechen, wenn die zwischen den Finger gerieben werden.

SEPTEMBER

Es liegt Glück im Säen und Ernten.

Therese Keiter

Notizen

1 MI
PFLANZZEIT
ab 21.00
bis 19.30
ab 22.30
mm
°C max
°C min

2 DO
PFLANZZEIT
mm
°C max
°C min

3 FR
Abst. Merkurknoten 23.00
PFLANZZEIT
bis 17.00
mm
°C max
°C min

4 SA
PFLANZZEIT
ab 5.00
mm
°C max
°C min

5 SO
PFLANZZEIT
ab 3.00
bis 1.30
ab 4.30
mm
°C max
°C min

MO 6

PFLANZZEIT

mm
°C max
°C min

ab 14.00
bis 12.30
ab 15.30

DI 7

20.31

PFLANZZEIT

mm
°C max
°C min

MI 8

MARIÄ GEBURT

Pflanzzeit bis 10.57 Uhr

PFLANZZEIT

mm
°C max
°C min

DO 9

mm
°C max
°C min

ab 0.00
bis 22.30
—

FR 10

mm
°C max
°C min

ab 1.30

SA 11

mm
°C max
°C min

ab 12.00
bis 10.30
ab 13.30 bis 23.45

SO 12

mm
°C max
°C min

ab 4.45 (außer 11.30 bis 15.30)

Ag 1.39

☊ 13.26

13 MO

ab 21.00

bis 19.30

ab 22.30

mm
°C max
°C min

14 DI

mm
°C max
°C min

15 MI

ab 23.00

bis 21.30

—

mm
°C max
°C min

16 DO

1.04

ab 0.30

mm
°C max
°C min

17 FR

mm
°C max
°C min

18 SA

mm
°C max
°C min

19 SO

ab 0.00

bis 22.30

—

mm
°C max
°C min

MO 20

WELTKINDERTAG

mm
°C max
°C min

ab 20.00
ab 1.30 bis 18.30
ab 21.30

DI 21

mm
°C max
°C min

MI 22

mm
°C max
°C min

Pflanzzeit ab 22.34 Uhr

PFLANZZEIT

DO 23

12.21

HERBSTANFANG

mm
°C max
°C min

ab 12.00
bis 10.30
ab 13.30

PFLANZZEIT

FR 24

mm
°C max
°C min

PFLANZZEIT

SA 25

mm
°C max
°C min

ab 11.00
bis 9.30
ab 12.30

PFLANZZEIT

SO 26

mm
°C max
°C min

ab 22.00
bis 20.30 (außer 6.00 bis 10.00)
ab 23.30

☋ 8.04

PFLANZZEIT

27 MO

Pg 22.12

PFLANZZEIT

bis 10.15

mm

°C max

°C min

28 DI

PFLANZZEIT

ab 10.15

mm

°C max

°C min

29 MI

PFLANZZEIT

ab 7.00

bis 5.30

ab 8.30

mm

°C max

°C min

30 DO

4.36

PFLANZZEIT

mm

°C max

°C min

Termine

- **Intern. Gartenausstellung (IGA) im Ruhrgebiet** – 23.04. bis 17.10.27
- **Landesgartenschau Wittenberge** – 21.04. bis 24.10.27
- **Landesgartenschau Oberhessen** – 22.04. bis 03.10.27
- **Landesgartenschau Aue-Bad Schlema** – 24.04. bis 03.10.27
- **Gartenschau Bad Urach** – 30.04. bis 03.10.27
- **Landesgartenschau Bad Windsheim** – 29.04. bis 03.10.27

Notizen

NUTZGARTEN

Gemüse

Trockenbohnen ernten

Sobald die Hülsen eingeschrumpft und trocken sind, ist es an der Zeit, Trockenbohnen zu ernten. Wenn die Reifung nicht annähernd gleichzeitig stattfindet, pflückt man am besten die einzelnen Hülsen ab. Sind etwa alle gleichzeitig reif, kann man die ganzen Bohnenpflanzen dicht am Boden abschneiden und zum Trocknen an einem trockenen, luftigen Ort aufhängen. Die Wurzeln bleiben in der Erde, denn an ihnen haften stickstoffbildende Knöllchenbakterien, die den Boden auf natürlich Weise düngen.

Letzte Düngung für Wintergemüse

Endivien, später Blumenkohl, Rosenkohl und Grünkohl sowie Winterkohlrabi und Steckrüben können bis in den Winter auf dem Beet stehen und wachsen auch an warmen Herbsttagen noch. Deshalb sollten sie zu Beginn des Monats noch einmal etwas organische Düngung, z. B. Kompost, erhalten. Leicht einharken und gießen, dann klappt die Nährstoffaufnahme besser.

Rezept

Linsen-Bulgur-Salat mit Tomaten

Zutaten:

150 g Beluga-Linsen
150 g Bulgur
1 Zitrone
4 EL Olivenöl
500 g Cherrytomaten
2 Packungen Mini-Mozzarella
3 bis 4 Lauchzwiebeln
Pfeffer, Salz
1 Handvoll frische Kräuter (z. B. Petersilie, Schnittlauch, Basilikum oder was gerade zur Hand ist)

Zubereitung:

Die Linsen in einem Liter Wasser ca. 20 Minuten bissfest garkochen und abgießen. Den Bulgur mit 300 ml leicht gesalzenem Wasser 5 Minuten kochen lassen, dann Flamme ausschalten und ausquellen lassen. Eventuell überschüssiges Wasser nach 30 Minuten abgießen.

Die Zitrone auspressen und den Saft mit dem Olivenöl und ½ TL Salz verrühren. Linsen, Bulgur und das Dressing vermengen.

Die Tomaten vierteln, die Lauchzwiebeln in feine Ringe schneiden, die Kräuter hacken und diese Zutaten zusammen mit den Mozzarella-Kugeln unter den Linsen-Bulgur heben. Etwa 1 Stunde durchziehen lassen. Mit etwas Pfeffer abschmecken.

Variation: Mit schwarzen Oliven anreichern oder den Mozzarella durch 250 g Fetakäse ersetzen.

Obst

Die richtige Zeit fürs Kernobst

Zwischen der Pflückreife und der Genussreife bei Äpfeln und Birnen können durchaus einige Wochen liegen. Die Pflückreife erkennt man daran, dass sich die Früchte durch leichtes Drehen bzw. Kippen lösen lassen. Wenn man noch kräftig ziehen muss, ist es zu früh. Die Genussreife liegt je nach Sorte bis zu einigen Wochen später. Vor allem Lageräpfel reifen deutlich nach und gewinnen an Aroma und Süße. Birnen werden saftiger bzw. schmelzend.
Es lohnt sich, darauf zu achten, wie sich das Obst im Laufe der Zeit entwickelt und dies für die Folgejahre zu notieren.

Kranke Früchte mit abpflücken!

Ganz natürlich ist es, dass unsere Hand beim Ernten nach den schönsten Früchten greifen will und solche verschmäht, die unansehnlich oder gar krank sind. Hier muss man sich disziplinieren und genau jene mit besonders großer Gründlichkeit vom Baum nehmen, denn bleiben sie hängen, können sie im Folgejahr für eine Wiederinfektion sorgen. Am besten sortiert man gleich bei der Ernte das Kernobst in drei Kategorien: Vollkommen gesund und intakt – diese Früchte können eingelagert werden. Mit kleinen Schadstellen – für den Sofortverbrauch. Sichtlich krank – von den anderen trennen und vernichten!

Kräuter

Basilikum zum Einfrieren blanchieren

Ende des Monats wird es draußen zu kalt sein für das wärmeliebende Würzkraut. Man kann Basilikum ins Haus nehmen und dort überwintern, aber häufig kränkeln die Pflanzen oder werden von Blattläusen befallen. Wenn im September noch viele schöne Blätter an der Pflanze sind, können diese auch als Wintervorrat eingefroren werden. Die Farbe und das Aroma halten sich besser, wenn die Blätter zuvor kurz in kochendem Wasser blanchiert werden – 60 Sekunden reichen schon. Dann in einer Schüssel mit kaltem Wasser sofort abkühlen,

1 Wer viel Basilikum hat, kann ihn durch Blanchieren haltbar machen. 2 Fruchtmumien sollten entfernt und vernichtet werden.

Fetthenne und Astern geben dem herbstlichen Staudenbeet eine kräftige Farbnote.

in einem Sieb abtropfen und einfrieren. Am besten legt man die Blätter flach in einen Gefrierbeutel, dann kann man später die gewünschte Menge einfach abbrechen.

ZIERGARTEN

Zwiebel- & Knollenblumen

Jetzt für Blütenpracht im Frühjahr sorgen

Ab September können bereits viele Blumenzwiebeln gesetzt werden. In der noch warmen Erde wachsen die hübsch blau oder weiß blühenden Traubenhyazinthen *(Muscari)*, der fröhliche Blaustern *(Scilla)* und der schneeweiße Kap-Milchstern *(Ornithogalum thyrsoides)* gut an. Auch für Osterglocken *(Narcissus)*, Tulpen *(Tulipa)*, Schneeglöckchen *(Galanthus)* und Krokus *(Crocus)* ist die Zeit günstig.

TIPP: Die Blumenzwiebeln immer doppelt so tief in die Erde stecken, wie sie hoch sind. Die Spitze schaut dabei nach oben.

Stauden

Sedum für den Kübel

Fetthenne und andere Sedum-Arten sind vor allem als Stauden fürs Beet und den Steingarten beliebt. Die im Herbst blühenden Sorten machen sich in Kombination mit Chrysanthemen und Gräsern jedoch auch gut bei der Bepflanzung von Kübeln. Besonders geeignet sind etwas niedriger wachsende Sorten wie das Oregon-Fettblatt. Diese lassen sich im Übrigen gut über Absenker vermehren, so dass der Kübelschmuck jedes Jahr wieder neu gestaltet werden kann.

Leuchtend im Herbst

Der Scheckenknöterich *(Bistorta affinis)*, auch Teppichknöterich genannt, ist eine rasch wachsende Staude, die zwischen 20 und 30 cm hoch wird und sich deshalb für die Randbepflanzung des Staudenbeetes eignet. Von Juli bis September schmückt sich die Pflanze mit zahlreichen aufrecht stehenden Blütenähren, die erst weiß und später rötlich werden. Der Scheckenknöterich bildet lanzenförmige Blätter, die auch im Winter erhalten bleiben. Sie nehmen dann eine leuchtend rost-rote Färbung an und schmücken damit das in der Jahreszeit triste Beet. Die Pflanze bevorzugt einen eher feuchten Standort.

Bienenfreundliche Spätblüher

Um gut durch die Winterruhe zu kommen, müssen Zucht- und Wildbienen im Herbst noch ausreichend Nahrung vorfinden. Mit der Auswahl bienenfreundlicher Spätblüher können Sie den nektarsuchenden Insekten helfen. Beliebt sind Sorten der Hohen Fetthenne *(Sedum)*, z. B. 'Herbstfeuer'. Auch ungefüllte Asternsorten sind begehrt bei Biene und Co.

Herbstanemonen wirken niedlich und grazil und dienen als Bienenweide.

Schließlich bietet auch die grazile Herbst-Anemone *(Anemone hupehensis)* Nahrung.

Sommerblumen

Fürs Frühjahr aussäen

In der zweiten Monatshälfte können Sommerblumen ausgesät werden, die früher blühen werden, als wenn die Saat erst im folgenden Jahr in die Erde kommt. Dazu gehören der einjährige Mohn *(Papaver rhoeas)*, Rittersporn *(Delphinium)*, Ringelblume *(Calendula officinalis)* und Jungfer im Grünen *(Nigella damascena)*. Der Samen wird horstweise auf einem nicht zu windigen Beet ausgesät. Die Pflänzchen keimen noch im Herbst, bei Kahlfrösten ist eine Abdeckung mit Vlies hilfreich. Erst im Frühjahr werden sie verzogen, also ausgedünnt.

Sträucher & Bäume

Nur Kleinigkeiten korrigieren

Für Gehölze ist der Herbst eine Übergangszeit – der Sommer ist vorbei, die Winterruhe noch nicht eingetreten. Deshalb sollten die meisten Arten jetzt nicht im großen Stil geschnitten werden. Kleinere Korrekturen, wie z. B. das Entfernen von Trieben, die aus einer Hecke ragen, oder das Schneiden von Zweigen, die störend oder im Weg sind, überstehen die Gehölze jedoch klaglos.

Rosen

Containerrosen aussuchen

Anders als wurzelnackte Rosen, die erst in der Wachstumsruhe ab Oktober gepflanzt werden sollten, kann man Containerrosen jederzeit setzen. Der September ist ein besonders gut geeigneter Zeitpunkt, weil der große Hitzestress vorbei ist, der Boden aber noch schön warm fürs Anwachsen. Und einen weiteren Vorteil bietet der Zeitpunkt: Die Containerrosen im Handel tragen um diese Zeit meist noch Blüten, so dass Sie genau entscheiden können, welche Rose in Ihren Garten passt. Stellen Sie die Pflanze in einen Bottich mit Wasser, damit sich der Wurzelballen vollsaugen kann, während Sie das Pflanzloch ausheben. Nehmen Sie die Rose dann aus dem Topf und lockern Sie den Wurzelballen etwas auf. Das Pflanzloch sollte so beschaffen sein, dass die Rose ein wenig tiefer steht als im Container. Füllen Sie nach dem Pflanzen die Erde gut wieder auf und drücken Sie sie fest an, gießen nicht vergessen! Eine eventuell notwendige Rankhilfe sollte gleichzeitig mit der Pflanzung angebracht werden.

1 Vor dem Pflanzen werden Containerrosen gewässert. 2 Bevor sie in die Erde kommen, sollte man die Wurzelballen ein wenig auflockern. Das geht gut mit Hilfe einer Handharke. 3 Die Veredelungsstelle wird etwa 5 cm tief unter die Erdoberfläche gesetzt.

Rasen

Kahle Stellen beseitigen

Anfang September reicht die Zeit noch, um kahle Stellen im Rasen zu beseitigen. Entfernen Sie abgestorbene Pflanzenreste und lockern Sie dann die oberste Erdschicht mit einer Harke. Vermengen Sie das neue Saatgut mit etwas Erde, bevor Sie es aufbringen. Treten Sie es gut an (ggf. großes Brett verwenden), um den Bodenkontakt herzustellen, und halten Sie es in den kommenden Wochen dauerhaft feucht.

BALKON & TERRASSE

Einfach mit einem Tuch abdecken

In einigen Regionen kann es schon jetzt zu einzelnen Nachtfrösten kommen. Danach folgen meist noch viele schöne Tage. Empfindliche Balkon- und Kübelpflanzen können vor Kälteschäden geschützt werden, indem Sie über Nacht einfach ein altes Bettlaken darüberhängen. Meist werden sie danach noch lange mit ihren Blüten erfreuen.

GEWÄCHSHAUS & FRÜHBEET

Kulturen für Herbst und Winter

Wenn die Sommerkulturen bis Anfang September geerntet worden sind, ist es eine gute Zeit, die Herbstkulturen zu pflanzen. Dafür kommen jetzt vor allem Kopf- und Pflücksalat, Kohlrabi und Rettich bzw. Radieschen in Frage.

Ein Steinhügelbeet für den Garten

Von André Winkler

Unser Garten bestand anfangs nur aus einer großen Rasenfläche, in deren Mitte ich damals noch recht planlos ein Inselbeet angelegt habe. Aus diesem runden Beet wurde dann 2 Jahre später jener Steinhügel, der mittlerweile so charakteristisch für unseren Garten ist.

Hingucker & Strukturgeber

Der Steinhügel ist nicht nur ein optischer Hingucker, er gibt dem gesamten Garten eine zusätzliche Struktur. Er teilt ihn in gewisser Weise auf, bricht die Länge des Gartens und kreiert gleich mehrere Gartenzimmer. Insgesamt haben wir drei Sitzplätze um ihn herum angelegt und können ihn somit aus verschiedensten Perspektiven bewundern, inklusive einem Platz für eine Feuerschale.

Mein Pflanzkonzept

Das ganze Beet ist in drei Pflanzzonen unterteilt: Es gibt eine sonnige Spitze, einen großen Halbschattenbereich in der Mitte und einen sehr trockenen Schattenbereich. Das macht vor allem die Bepflanzung sehr abwechslungsreich und sorgt für unterschiedlichste Akzente. Wenn ihr also einmal um den ganzen Steinhügel herumlauft, seht ihr eine große Bandbreite an Stauden. Bei der Bepflanzung solltet ihr auf jeden Fall auf Stauden zurückgreifen, die im Steingarten beheimatet sind. Das sind vor allem alpine Pflanzen, die keine tiefen

Die Strand-Grasnelke ist eine heimische Wildpflanze, die sich auch im Steinhügel wohlfühlt.

Pflanzenliste für einen abwechslungsreichen Steinhügel

- Walzen-Wolfsmilch *(Euphorbia myrsinites)*
- Diverse Fetthennen *(Sedum)*, z. B. 'José Aubergine'
- Schwarzblättriger Schlangenbart 'Niger' *(Ophiopogon planiscapus)*
- Polster-Fetthenne 'Sunsparkler Dazzleberry' (*Sedum × cult.*)
- Ähriger Ehrenpreis *(Veronica spicata)*
- Schneckenknöterich *(Bistorta affinis)*
- Bergenie 'Baby Doll' *(Bergenia cordifolia)*
- Zwerg-Frauenmantel (*Alchemilla faeroensis* ssp. *pumila*)
- Scharfer Mauerpfeffer *(Sedum acre)*
- Wald-Scheinmohn *(Meconopsis cambrica)*
- Alpen-Steinquendel *(Acinos alpinus)*
- Götterblume *(Dodecatheon meadia)*
- Polster-Phlox *(Phlox douglasii)*
- Moos-Steinbrech (*Saxifraga × arendsii*)
- Trauben-Steinbrech *(Saxifraga paniculata)*
- Freiland-Fuchsie (*Fuchsia magellanica* var. *gracilis*)
- Purpurglöckchen (*Heuchera)*
- Strand-Grasnelke 'Alba' & 'Splendens' *(Armeria maritima)*
- Zwerg-Grasnelke 'Rosi' *(Armeria caespitosa)*
- Berg-Steinkraut 'Luna' *(Alyssum montanum)*
- Berg-Steinkraut *(Alyssum wulfenianum)*
- Schleifenblume *(Iberis sempervirens)*
- Blaukissen (*Aubrieta*-Hybride)
- Hängepolster-Glockenblume 'Blauranke' *(Campanula poscharskyana)*
- Sternpolster-Glockenblume *(Campanula garganica)*
- Goldtröpfchen *(Chiastophyllum oppositifolium)*

Pfahlwurzeln bilden sowie mit nährstoffarmem Boden und wenig Wasser auskommen. Einzig der äußere Pflanzring hat bei mir die Möglichkeit, tiefer zu wurzeln und bietet deswegen mehr Optionen zur Bepflanzung.

Im ersten Jahr wird euer Steinhügel noch recht künstlich wirken, doch bereits im zweiten Jahr sorgt das Moos auf den Steinen dafür, dass er sehr natürlich wirkt.

So legt man ein Steinhügelbeet einfach selbst an

Als ich den Steinhügel angelegt habe, habe ich mir zunächst eine Form überlegt und mich daran orientiert, wo ich die Feuerschale platzieren wollte. Dabei spielten der Blickwinkel und die Sicherheit an der Feuerstelle die entscheidenden Rollen. Im Anschluss wurde nach beschriebenem Muster die Form mit einem Gartenschlauch auf der Wiese ausgelegt und die Grasnarbe entfernt.

Da wir auf der Wiese auch Probleme mit der Quecke haben, wurde das zukünftige Beet von mir eine Spatentiefe ausgekoffert und mit einem Wurzelvlies ausgelegt. Damit der Steinhügel nun seine gewünschte Form bekommt und anfangs nicht von jedem Regenguss weggespült wird, habe ich ihn mit alten Ziegelsteinen modelliert. So konnte ich individuell die Höhen aufeinander abstimmen und ihm ein harmonisches Grundgerüst vorgeben. Danach wurde er sehr großzügig mit leichtem Mutterboden übergossen und mit Hilfe von Natursteinen viele kleine Pflanznischen geschaffen. Ich habe mich bei der Auswahl der Steine für einen regionalen Sandstein entschieden, da er auch sonst häufiger in unserem Garten zu finden ist. Der fertige Steinhügel misst 4 m in der Breite und 3 m in der Tiefe. Sein höchster Punkt ist bei zirka 1,50 m.

Nahrung und Versteck für Tiere

Ein Steinhügel ist übrigens auch ein tolles Biotop für die unterschiedlichsten Tiere in eurem Garten. Insekten finden eine Menge Nahrung und ein sicheres Versteck für den Winter. Die Mauerbienen nisten in ihm, während manche Amphibien und Reptilien direkt ganz eingezogen sind. Sogar Eich-

hörnchen und einige Vögel nutzen den Steinhügel gerne als erhöhte Sitzposition.

Einen Haken hat der Hügel allerdings, denn er bietet auch Schnecken hervorragende Bedingungen. Gerade zu Beginn ist die ein oder andere Staude ratzekahl aufgefuttert worden. Doch mit den Jahren habe ich die Bepflanzung dahingehend angepasst und seitdem herrscht ein gutes Gleichgewicht.

1 Die Form des Steinhügels habe ich mit dem Spaten ausgehoben und die Erde von Wurzeln befreit.
2 Mit Hilfe von Ziegelsteinen habe ich ein stabiles Grundgerüst modelliert, das ich im Anschluss mit einer ordentlichen Schicht Mutterboden übergossen habe.
3 Mit Natursteinen wurden viele einzelne Pflanznischen für Stauden geschaffen, die sich im Steingarten wohlfühlen.
4 Der fertige Steinhügel sieht anfangs noch sehr konstruiert aus. Er bekommt aber mit der Zeit eine Patina aus Moos und durch die etablierten Stauden ein natürliches Aussehen.

OKTOBER

Dicht neben dem Wehe der Welt, und oft auf seinem vulkanischen Boden, hat der Mensch seine kleinen Gärten des Glücks angelegt.

Friedrich Nietzsche

Termine

- **Intern. Gartenausstellung (IGA) im Ruhrgebiet** – 23.04. bis 17.10.27
- **Landesgartenschau Wittenberge** – 21.04. bis 24.10.27
- **Landesgartenschau Oberhessen** – 22.04. bis 03.10.27
- **Landesgartenschau Aue-Bad Schlema** – 24.04. bis 03.10.27
- **Gartenschau Bad Urach** – 30.04. bis 03.10.27
- **Landesgartenschau Bad Windsheim** – 29.04. bis 03.10.27

Notizen

1 FR

PFLANZZEIT

mm

°C max

°C min

2 SA

PFLANZZEIT

ab 13.00

bis 11.30

ab 14.30

mm

°C max

°C min

3 SO

PFLANZZEIT

ab 23.00

bis 21.30

—

TAG DER DEUTSCHEN EINHEIT

ERNTEDANK

mm

°C max

°C min

MO 4

°C max
°C min
mm

ab 0.30

PFLANZZEIT

DI 5

°C max
°C min
mm

Pflanzzeit bis 18.54 Uhr

PFLANZZEIT

MI 6

°C max
°C min
mm

ab 7.00
bis 5.30
ab 8.30

DO 7

13.47

°C max
°C min
mm

FR 8

°C max
°C min
mm

ab 20.00
bis 18.30
ab 21.30

SA 9

☊ 16.58
Ag 17.47

°C max
°C min
mm

(außer 15.00 bis 21.00)

SO 10

°C max
°C min
mm

11 MO
ab 4.00
bis 2.30
ab 5.30
mm
°C max
°C min

12 DI
mm
°C max
°C min

13 MI
ab 6.00
bis 4.30
ab 7.30
mm
°C max
°C min

14 DO
mm
°C max
°C min

15 FR
15.47
mm
°C max
°C min

16 SA
ab 6.00
bis 4.30
ab 7.30
mm
°C max
°C min

17 SO
mm
°C max
°C min

MO 18

mm
°C max
°C min

ab 2.00
bis 0.30
ab 3.30

DI 19

mm
°C max
°C min

MI 20

mm
°C max
°C min

Pflanzzeit ab 3.41 Uhr

ab 17.00
bis 15.30
ab 18.30

PFLANZZEIT

DO 21

mm
°C max
°C min

PFLANZZEIT

FR 22

19.29

mm
°C max
°C min

ab 17.00
bis 15.30
ab 18.30

PFLANZZEIT

SA 23

☊ 10.15

Aufst. Merkurknoten 15.00

mm
°C max
°C min

bis 8.15

PFLANZZEIT

SO 24

Abst. Venusknoten 6.00

mm
°C max
°C min

ab 5.00
—
ab 18.00 bis 19.45

PFLANZZEIT

Tag		Pflanzzeit	Mond / Pflanze	Termine	Wetter
25	MO Pg 7.36	PFLANZZEIT	ab 19.45		mm °C max °C min
26	DI	PFLANZZEIT	ab 16.00; bis 14.30; ab 17.30	**NATIONALFEIERTAG (A)**	mm °C max °C min
27	MI	PFLANZZEIT			mm °C max °C min
28	DO	PFLANZZEIT			mm °C max °C min
29	FR	PFLANZZEIT	ab 22.00; bis 21.30; ab 23.30		mm °C max °C min
30	SA 15.37	PFLANZZEIT			mm °C max °C min
31	SO	PFLANZZEIT	ab 7.00; bis 5.30; ab 8.30	**REFORMATIONSTAG** **HALLOWEEN** **ENDE DER SOMMERZEIT** Uhren um 3.00 Uhr auf 2.00 Uhr zurückstellen	mm °C max °C min

1 Nussschalen können als Topfdrainage dienen. 2 Chilisamen werden aus den aufgeschnittenen Früchten gelöst.

ALLGEMEINE ARBEITEN

Nussschalen als Drainage sammeln

Gemütlich bei Kerzenlicht zusammensitzen und Nüsse knacken – das versöhnt mit den kürzer und kälter werdenden Tagen. Die Schalen müssen nicht weggeworfen werden, sondern können sich in der nächsten Saison noch als Drainage für Topf- und Kübelpflanzen nützlich machen. Ein Vorteil dabei: Die Schalen sind leichter als ein Tongranulat. Geeignet sind Walnuss- und Haselnussschalen ebenso wie die von Pistazien. Letztere müssen aber vor der Verwendung gewaschen werden, wenn es sich um gesalzene Pistazien gehandelt hat. Zum Trocknen großflächig auslegen!

NUTZGARTEN

Gemüse

Chilisamen selbst gewinnen

Bei Chili und auch bei Paprika ist es kein Problem, selbst Saatgut von eigenen Pflanzen zu gewinnen. Dazu werden die reifen Früchte mittig aufgeschnitten und die Samenkörner mit einem Messer oder mit dem Finger von den Innenhäuten abgestreift. Vor allem bei Chili sollten Sie dazu Einmalhandschuhe anziehen, denn zu leicht gelangt das schärfegebende Capsaicin sonst an Schleimhäute oder in die Augen und kann dort brennende Schmerzen auslösen. Die ausgelösten Samen werden einige Tage bei Zimmertemperatur getrocknet und anschließend in kleine Tüten gefüllt, die mit dem Sortennamen beschriftet werden. Sortenechtes Saatgut lässt sich nur von Pflanzen gewinnen, die keine F1-Hybriden sind; das sollte auf dem ursprünglichen Samentütchen gekennzeichnet sein. Übrigens sind im Internet viele Chili-Liebhaber unterwegs, die Saatgut miteinander tauschen. Wer also Interesse an größerer Sortenvielfalt hat, sollte sich dort einmal umsehen.

Möhren ernten und lagern

Temperaturen um die null Grad halten Möhren auf dem Beet gut aus. Wird es kälter oder dauert der Frost länger an, ist es besser, sie zu ernten und ein-

Möhren halten in feuchten Sand eingeschlagen bis ins zeitige Frühjahr.

zulagern. Frühe Möhrensorten sind nicht lange haltbar und müssen bald verzehrt werden. Herbst- bzw. Lagersorten halten bei guten Bedingungen bis in den Spätwinter. Dazu sollten sie nach dem Abdrehen des Laubs an einem kühlen frostfreien Ort in leicht feuchten Sand eingeschlagen werden. Ab und zu kontrollieren, ob nichts fault oder schimmelt, und gegebenenfalls den Sand nochmals anfeuchten.

Zeit für leckeren Rotkohl

Je nach Sorte und Standort kann Rotkohl ab dem Spätsommer bis zum Winterbeginn geerntet werden. Stärkere Fröste verträgt er nicht gut. Wenn der Kopf fest geschlossen ist und auf Druck kaum nachgibt, ist ein guter Erntezeitpunkt gekommen. Der Kopf wird so dicht an der Erde wie möglich abgeschnitten. Lose und welke Blätter werden vor dem Einlagern entfernt. An einem kühlen, nicht allzu trockenen Ort können Kohlköpfe einige Wochen lagern.
Rotkohl wird in der Advents- und Weihnachtszeit klassischerweise mit Apfel und Nelken gegart und gegessen. Man kann ihn aber auch fein gehobelt zu einem knackigen Rohkostsalat verarbeiten. Hier harmoniert er gut mit Orangenstücken und einer Prise Zimt.

Obst

Äpfel vollständig verwerten

Gerade gibt es Äpfel in Hülle und Fülle. Viele backen gerne Kuchen davon oder kochen Apfelmus ein. Wenn die Früchte dafür geschält werden, müssen die Schalen anschließend nicht auf den Kompost. Man kann sie über eine Schnur aufge-

1 Rotkohl ist ein deftiges und traditionelles Wintergemüse.
2 Mit etwas Apfel und Zimt schmeckt das Gemüse weihnachtlich.

Auf eine Schnur aufgezogen, lassen sich Äpfel gut trocknen. Aufpassen, dass die einzelnen Scheiben dabei nicht aneinanderkleben.

hängt trocknen und als Basis für einen Früchtetee verwenden, der vor allem Kindern gut schmeckt, da er leicht süßlich wird. Apfelschalen harmonieren sehr gut mit etwas Zimt und Himbeerblättern, mit Minze oder Zitronenverbene.

Kräuter

Ist Salbei winterhart?

Der Echte Salbei *(Salvia officinalis)*, Wiesensalbei *(Salvia pratensis)* und auch der Muskatellersalbei *(Salvia sclarea)* halten Minusgrade aus, wenn sie im Beet gepflanzt sind. Wachsen sie hingegen im Kübel, droht der Wurzelballen durchzufrieren, was der Pflanze nicht so gut bekommt. Vorbeugend können die Töpfe mit Luftpolsterfolie, Jute oder Kokosmatten geschützt und auf eine Styropor-Unterlage gestellt werden. Tropische Arten wie der Ananassalbei *(Salvia elegans)* müssen hingegen überwintert werden, am besten in einem vor Frost gesicherten Gewächshaus oder einem anderen hellen und frostfreien Raum, zwischen 5 und 15 °C.

ZIERGARTEN

Stauden

Zeit zum Erneuern und Teilen

Viele Stauden ermüden nach einigen Jahren im Beet. Um ihre Vitalität und damit auch die Blühfreude anzuregen, lohnt es sich, sie zu teilen. Dafür werden sie mit einer Grabegabel ausgegraben. Je nachdem, wie fest das Wurzelwerk miteinander verbunden ist, lassen sich einzelne Teile mit der Hand trennen oder aber es muss der Spaten zu Hilfe genommen werden. Die neuen Pflanzenteile profitieren davon, wenn sie nicht genau an dieselbe Stelle gesetzt werden, an denen sie zuvor schon standen. Also wenn es möglich ist, ein wenig im Beet zu rotieren, sollten Sie das tun. Überzählige Pflanzenteile erfreuen vielleicht Nachbarn oder Freunde, es lohnt sich, einmal nachzufragen.

Nicht alles herunterschneiden

Es hat sich mittlerweile herumgesprochen, dass man nicht alle Stauden im Herbst herunterschneiden sollte. Pflanzen mit kräftigen Blütenständen wie Sonnenhut *(Rudbeckia)* oder Fetthenne *(Sedum)* können über Winter stehen bleiben. Mit Raureif überzogen sehen sie sogar recht hübsch aus. Vor allem aber bieten sie Insekten Unterschlupf und Vögeln teilweise noch Nahrung. Auch Gräser schmücken den herbstlichen oder winterlichen Garten. Herunterschneiden sollten Sie jedoch Stockrose und Fingerhut gleich nach der Blüte, dadurch kann die Blütezeit verlängert werden.

Rosen

Wurzelnackte Rosen pflanzen

Im Oktober können wurzelnackte Rosen noch gepflanzt werden. Vor allem, wenn man mehrere Exemplare neu in den Garten holen möchte, lohnt sich das, denn die Wurzelnackten sind viel preisgünstiger als Containerpflanzen. Vor dem Einsetzen schneidet man die Triebe auf 15 bis 20 cm zurück und wässert die Pflanzen über Nacht in einem Bottich oder Eimer. Das Pflanzloch wird so tief ausgehoben, dass die Veredelungsstelle der Rose etwa 5 cm unterhalb der Erdoberfläche liegen wird. Gut antreten und wässern!

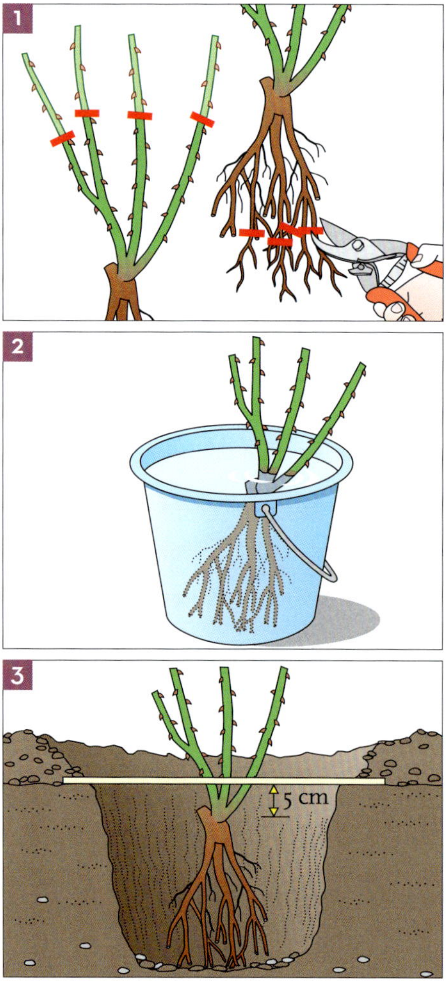

1 Bei wurzelnackten Rosen zunächst die Wurzeln etwas einkürzen. 2 Ein paar Stunden wässern. 3 Die Veredelungsstelle 5 cm tief setzen.

Sträucher & Bäume

Natürliche Schönheit in Herbst und Winter

Im Sommer zeigen sie ihre großen ball- oder rispenförmigen Blüten in kräftigem Rosa, Blau oder leuchtendem Weiß: die immer beliebter werdenden Hortensien. Die Blüten haben wegen ihrer imponierenden Form auch dann noch Charme, wenn die Farbe entwichen ist und sie blass-bräunlich werden. Es gibt auch sonst keinen Grund, die Blütenstände im Herbst zu entfernen. Bei Bauern- und Tellerhortensien sollten die alten Blüten erst im kommenden Frühjahr gekappt werden. Kletterhortensien müssen gar nicht geschnitten werden. Bei Schneeball- und Rispenhortensien kann ein kräftiger Rückschnitt zwar den Austrieb im kommenden Jahr anregen – zugleich aber steigt die Gefahr, dass die Pflanzen Frost weniger gut überstehen. Wer also die natürliche Schönheit der verblassenden Blüten genießen möchte, kann dies ohne schlechtes Gewissen tun. Und Insekten freuen sich, hier oder dort einen Unterschlupf für den Winter zu finden.

GARTENTEICH

Wintervorbereitungen treffen

Vor den ersten Frostnächten sollten Sie nicht-winterharte Wasserpflanzen aus dem Teich nehmen und in einem Bottich mit Wasser an einem kühlen, aber frostfreien Ort überwintern, der so hell wie möglich ist. Blätter und andere abgestorbene Pflanzenteile werden nun abgefischt. Hat sich am Boden des Teiches Modder abgesetzt, sollte er jetzt mit einem Schlammsauger entfernt werden. Stängel von Schilf oder Ähnlichem lässt man hingegen stehen, sie helfen beim Luftaustausch, wenn die Teichoberfläche später zufrieren sollte.

BALKON & TERRASSE

Attraktive Bepflanzung im Herbst

Jedes Jahr aufs Neue wunderschön ist die Bepflanzung des herbstlichen Balkonkastens mit Silber-

1 Leicht verblasste Hortensienblüten schmücken den Garten noch im Herbst.
2 Das Laub händisch zusammen zu harken, schützt Kleintiere!

blatt *(Senecio cineraria)*, Besenheide *(Calluna vulgaris)* und Günsel *(Ajuga reptans)*. Während das Silberblatt und die Heide geradezu klassische Kübelpflanzen sind, ist der Günsel eher als Bodendeckerstaude für halbschattige Gartenbereiche bekannt. Dort erfreut er im späten Frühjahr mit seinen leuchtend blauen Blüten, die auch bei Insekten sehr beliebt sind. Mittlerweile gibt es aber Züchtungen wie z. B. den mehrfarbigen Günsel 'Burgundy Glow', der im Herbst vor allem mit seinem bunten Blattwerk imponiert. Das Laub changiert zwischen Grün und Rot und leuchtet in der Sonne. Die Pflanze ist wintergrün und schmückt den Kübel oder Balkonkasten bis zum kommenden Frühjahr. Wichtig: nicht austrocken lassen!

GEWÄCHSHAUS & FRÜHBEET

Oleander für den Winter vorbereiten

Der Oleander *(Nerium oleander)* ist wegen seiner langanhaltenden Blütenpracht eine beliebte Kübelpflanze. Er kommt ursprünglich aus dem Mittelmeerraum und verträgt deshalb keinen starken Frost. Doch sollte man ihn nicht zu früh ins Gewächshaus räumen, da dort immer die Gefahr besteht, dass er von Blattläusen befallen wird. Bei Temperaturen bis zu minus 5 °C bleibt er besser an einem windgeschützten Platz draußen stehen. Droht es kälter zu werden, sollte er im Gewächshaus einen möglichst hellen Platz erhalten.

TIERE IM GARTEN

Achtung: Leben im Herbstlaub

Manche Kleintiere und Insekten suchen im herabgefallenen Laub ein schützendes Winterquartier – sie können ja nicht wissen, dass nun vielleicht der Gärtner mit dem Laubsauger für Ordnung sorgen will. Viele Tiere verlieren dabei ihr Leben oder werden verletzt. Besser ist es, Sie harken das Laub auf konventionelle Weise weg, das freut auch die Nachbarn, denn es macht keinen Lärm. Und die Tiere haben dann eine Chance, sich noch einen neuen Platz zu suchen.

Bäume richtig und eindrucksvoll unterpflanzen

Bäume bringen Höhenunterschiede in den Garten, werfen kühlenden Schatten, dienen als Sichtschutz und schaffen Privatsphäre. Doch ganz einfach ist die Gartengestaltung mit ihnen nicht. Vieles gibt es zu beachten, wie Wuchshöhe, Kronendurchmesser und Wuchsgeschwindigkeit. Entsprechend will der richtige Standort weise gewählt werden. Nicht zuletzt stellt auch die Baumscheibe eine besondere Herausforderung dar. Trockenheit, Schatten, Wurzeldruck und Nährstoffkonkurrenz machen es vielen Pflanzen schwer, im Schatten der Krone Fuß zu fassen.

Unterschiedliche Wurzelsysteme

„Bei der Unterpflanzung von Bäumen ist es wichtig, sich zuallererst mit ihrem Wurzelwerk zu beschäftigen", weiß Wolfgang Groß vom Bundesverband Garten-, Landschafts- und Sportplatzbau e.V. (BGL). „Handelt es sich dabei um Herzwurzler, Tiefwurzler oder Flachwurzler? Die Antwort ist für eine gesunde, dichte Bepflanzung rund um den Stamm elementar." Während Herzwurzler und Tiefwurzler in der Regel keine allzu große Herausforderung für die Unterpflanzung darstellen, sieht die Sache bei Flachwurzlern schon anders aus. Doch woran liegt das?

Tiefwurzler bilden eine Hauptwurzel, die sich senkrecht bis tief in den Boden erstreckt. Von ihr ausgehend bilden sich Wurzeln zur Seite. Die obersten Bodenschichten sind jedoch nur wenig von Wurzeln durchzogen. Bekannte Vertreter für Tiefwurzler sind Eibe *(Taxus baccata)*, Robinie

1

2

1 Besonders schön ist die Kombination von Blattschmuckstauden wie Farne mit Blühstauden. 2 Waldstauden kommen mit den schwierigen Bedingungen unter Bäumen gut zurecht.

Mit Gräsern lässt sich ein harmonisches Gesamtbild erzeugen.

(Robinia pseudoacacia), Wacholder *(Juniperus)* oder Apfelbaum *(Malus domestica)*.

Flachwurzler wie Schlehe *(Prunus spinosa)*, Kiefer *(Pinus)*, Essigbaum *(Rhus typhina)* oder Thuja entwickeln ihre Grobwurzeln dagegen teller- oder strahlenförmig knapp unter der Erdoberfläche. So entsteht ein dichtes Wurzelgeflecht, das in etwa so groß ist wie die Krone des Baumes. Pflanzen wie Stauden oder Bodendecker haben hier kaum Raum zum Wachsen.

Herzwurzler sind eine Mischung aus Tief- und Flachwurzler-Bäumen. Sie wurzeln sowohl waagerecht als auch senkrecht und sind besonders im oberen Erdreich stark verzweigt. Im Querschnitt sieht das Wurzelsystem entfernt aus wie ein Herz – mal mehr, mal weniger ausgeprägt. Denn Herzwurzler passen sich an ihren Standort an: In durchlässigem, trockenem Erdreich dringen die Wurzeln tief in den Boden hinein, bei guter Wasserversorgung entwickeln sie sich vermehrt nach links und rechts. Zu dieser Kategorie zählen zum Beispiel Buche *(Fagus)*, Ginkgo *(Ginkgo biloba)* oder Buchs *(Buxus)*.

Waldstauden für die Baumscheibe

Unter Bäumen variiert der Wurzeldruck je nach Wurzelsystem stark – daneben machen Trockenheit und Schatten die Bepflanzung von Baumscheiben zu einer kleinen Herausforderung. Auch spielen Dichte und Breite des Blätterdachs eine Rolle dabei, wie lichtarm und trocken der Boden tatsächlich ist. Generell gilt: Die Sonnenanbeter aus der Pflanzenwelt haben unter Gehölzen wenig Freude. Anders dagegen Waldstauden, denn sie sind von Natur aus an ähnliche Standorte gewöhnt und kommen dort gut zurecht. So bringen zum Beispiel Elfenblume *(Epimedium)*, Teppich-Golderdbeere *(Waldsteinia ternata)* und Wald-Aster *(Aster divaricatus)* selbst schattige Bereiche zum Blühen. Besonders schön ist hier die Kombination mit Blattschmuckstauden wie Farnen oder Funkien *(Hosta)*. Auch zusammen mit Gräsern wie dem Japan-Goldbandgras *(Hakonechloa macra)* oder der Waldschmiele *(Deschampsia cespitosa)* ergibt sich ein harmonisches Gesamtbild.

„Unter Flachwurzlern mit sehr dichtem Wurzelgeflecht haben es aber auch diese robusten Waldstauden und Gräser meist schwer", weiß Wolfgang Groß vom BGL. „Dann sind rhizombildende oder rankende Arten zu empfehlen. Efeu *(Hedera)*, Kleines Immergrün *(Vinca minor)* oder Balkan-Storchschnabel *(Geranium macrorrhizum)* begrünen mit der Zeit selbst eher unliebsame, dunkle Ecken. Unter Gehölzen setzt man sie am besten an den Rand der Baumscheibe, wo man aufgrund relativ geringer Durchwurzelung noch gut ein Pflanzloch ausheben kann. Von dort erobern die Bodendecker dann von ganz alleine die gesamte Fläche und bilden einen dichten, pflegeleichten Teppich rund um den Stamm. Im Herbst pflanzen Landschaftsgärtner zwischen den Bodendeckern mit Zwiebelpflanzen gerne frühlingshafte Akzente. Da die Bäume zu Beginn des Jahres noch kein Laub tragen und das Geäst die Frühlingssonne bis zu den Zwiebelblumen durchlässt, fühlen sich Krokus, Tulpe und Narzisse auch an den sonst eher schattigen Bereichen unter Bäumen durchaus wohl. Weitere Informationen auf *www.mein-traumgarten.de.*

NOVEMBER

Wer den Garten liebt,
hat das Leben verstanden.

Englisches Sprichwort

1 MO PFLANZZEIT

ALLERHEILIGEN

mm
°C max
°C min

2 DI PFLANZZEIT

ab 15.00
bis 13.30
ab 16.30

ALLERSEELEN

Pflanzzeit bis 2.17 Uhr

mm
°C max
°C min

3 MI

mm
°C max
°C min

4 DO

mm
°C max
°C min

5 FR

☊ 17.54

ab 3.00
bis 1.30
ab 4.30
(außer 16.00 bis 20.00)

mm
°C max
°C min

6 SA

9.00
Ag 12.37

(außer 10.45 bis 15.45)

mm
°C max
°C min

7 SO

ab 11.00
bis 9.30
ab 12.30

mm
°C max
°C min

MO 8

mm
°C max
°C min

DI 93

mm
°C max
°C min

ab 13.00
bis 11.30
ab 14.30

MI 10

mm
°C max
°C min

DO 11

MARTINSTAG

mm
°C max
°C min

FR 12

mm
°C max
°C min

ab 13.00
bis 11.30
ab 14.30

SA 13

mm
°C max
°C min

SO 14

VOLKSTRAUERTAG

4.26

mm
°C max
°C min

ab 8.00
bis 6.30
ab 9.30

15 MO

16 DI
ab 22.00
bis 20.30
ab 23.30
PFLANZZEIT
Pflanzzeit ab 8.40 Uhr

17 MI
PFLANZZEIT
BUSS- UND BETTAG

18 DO
ab 22.00
bis 13.15
—
PFLANZZEIT

19 FR
☊ 9.34
Pg 1.10
ab 13.15
PFLANZZEIT

20 SA
ab 9.00
bis 7.30
ab 10.30
PFLANZZEIT

21 SO
1.48
PFLANZZEIT
TOTENSONNTAG

(Jeder Tag: mm · °C max · °C min)

Tag	Notizen	Mond	Zeit
MO 22	mm · °C max · °C min	ab 21.00; bis 19.30; ab 22.30	PFLANZZEIT
DI 23	mm · °C max · °C min		PFLANZZEIT
MI 24	mm · °C max · °C min		PFLANZZEIT
DO 25	mm · °C max · °C min		PFLANZZEIT
FR 26	mm · °C max · °C min	ab 5.00; bis 3.30; ab 6.30	PFLANZZEIT
SA 27	mm · °C max · °C min	ab 16.00; bis 14.30; ab 17.30	PFLANZZEIT
SO 28 (4.24)	1. ADVENT · mm · °C max · °C min		PFLANZZEIT

29 MO

PFLANZZEIT

Pflanzzeit bis 10.11 Uhr

mm

°C max

°C min

30 DI

ab 0.00

bis 15.00

—

Abst.
Merkurknoten
21.00

mm

°C max

°C min

Notizen

ALLGEMEINE ARBEITEN

Mal einen Herbstspaziergang machen

Wenn der eigene Garten nun weniger Zuwendung braucht, ist es eine gute Gelegenheit, um bei einem Spaziergang die schöne Herbstfärbung der Gehölze zu genießen. Die frische Luft tut gut und Bewegung draußen beugt nicht nur Erkältungskrankheiten vor.

NUTZGARTEN

Gemüse

Am besten im Spätherbst

Viele alte Menschen erinnern sich bei Steckrüben an die Hungerwinter nach dem Krieg, in denen es gefühlt kaum etwas anderes als die massenhaft produzierten Rüben zu essen gab. Heute sind Steckrüben im Speiseplan eher selten geworden. Zu Unrecht, denn die süßlich-bitteren Rüben eignen sich sowohl für deftige Gerichte mit geräuchertem Fleisch, Speck und Wurst als auch für leichtere Zubereitungsweisen. Sie harmonieren gut mit Zwiebeln, gebratenen Äpfeln und Nüssen. Im Garten halten sie leichte Minustemperaturen gut aus, sollten aber eingelagert werden, wenn sich längere Frostphasen mit unter minus 5 °C ankündigen. An einem kühlen dunklen Platz halten sie sich einige Wochen.

Steckrüben halten leichten Frost auf dem Beet aus.

Rezept

Wärmende Zwiebelsuppe mit Käse überbacken

Zutaten:
500 g Zwiebeln
etwas Butter
1 Liter Gemüsebrühe
¼ Liter Weißwein
4 Scheiben Kastenweißbrot oder Toast
8 EL geriebenen Bergkäse
Salz, Pfeffer

Zubereitung:
Zwiebeln putzen und in dünne Ringe schneiden. Diese in einem Topf zusammen mit der Butter leicht bräunen. Mit Wein ablöschen und mit Brühe auffüllen. Gut 15 Minuten köcheln lassen, gegebenenfalls noch mit Pfeffer und Salz abschmecken.
Toast auf Tassengröße ausstechen und danach im Toaster oder Backofen goldgelb rösten. Die fertige Suppe in Tassen füllen und je einen Toast auf die Suppe legen. Das Ganze nun mit dem Käse bestreuen und im Backofen oder Grill mit Oberhitze kurz gratinieren.

Zwiebeln lagern bis weit in den Winter

Wenn sie gut ausgereift sind und an einem trockenen, dunklen und nicht allzu warmen Ort gelagert werden, halten im Sommer geerntete Zwiebeln bis ins neue Jahr hinein. Man sollte sie aber ab und an einmal durchsehen, denn wenn eine Zwiebel von Fäulnis oder Schimmel befallen ist, steckt sie die anderen schnell an. Im Übrigen kann man aus Zwiebeln eine wunderbar wärmende Suppe kochen.

Kräuter

Auch jetzt noch aromatisch

Am stärksten sind die aromatischen ätherischen Öle des Rosmarins im Sommer ausgeprägt. Aber auch jetzt noch ist die Würzkraft stark genug, um Fleischgerichten, Ofenkartoffeln oder einer Kürbissuppe den typisch harzigen Geschmack zu verleihen. Geschnitten werden Triebe von ca. 10 cm Länge. Einem Schmorgericht können ganze Zweige beigegeben und später wieder entfernt werden. Soll der Rosmarin im Essen verbleiben, z. B. bei Blechgemüse, verwendet man nur die Nadeln. Getrocknet hält der Rosmarin etwa 2 Jahre lang sein Aroma. Die ätherischen Öle wirken beruhigend auf die Verdauung, aber leicht anregend aufs Nervensystem und den Blutdruck. Rosmarin übersteht in der Regel den Winter draußen im Beet, junge Pflanzen sollten bei stärkerem Frost mit Vlies oder Tannenzweigen geschützt werden. Im Kübel ist der Rosmarin empfindlicher und sollte kühl aber frostfrei stehen.

ZIERGARTEN

Zwiebel- & Knollenblumen

Sind die Dahlien schon in Sicherheit?

Ursprünglich kommen sie aus Mexiko – heute gibt es unendlich viele wunderschöne Züchtungen, die uns im Garten erfreuen. Leider sind Dahlien nicht frosthart und deshalb müssen die Knollen allerspätestens jetzt ausgegraben und frostfrei eingelagert werden. Nach dem Winter kehren sie im späten Frühjahr wieder ins Beet zurück.

Endspurt für die Frühblüher

Frühlings-Blumenzwiebeln sollten vor den ersten stärkeren Frost in den Boden kommen, damit sie noch Wurzeln ausbilden können. Daher ist es im

Vor den ersten Frösten werden Dahlienknollen ausgegraben und in einem dunklen frostfreien Raum eingelagert.

Blumenzwiebeln können auch unter die Rasendecke gelegt werden.

November in vielen Regionen höchste Zeit, um die Zwiebeln von Tulpen *(Tulipa)*, Osterglocken *(Narcissus)*, Traubenhyazinthen *(Muscari)* sowie Schneeglöckchen *(Galanthus)* und Krokus *(Crocus)* zu legen. Am schönsten ist die Wirkung im kommenden Jahr, wenn die Blumen in kleinen artengleichen Tuffs wachsen. Beachten Sie dabei auch die zu erwartende Höhe der Pflanzen.

Sträucher & Bäume

Beste Pflanzzeit für Hecken

Wer eine lange Hecke pflanzen möchte, profitiert von kostengünstiger wurzelnackter Ware, die jetzt in Baumschulen und Gartencentern verfügbar ist. Der Boden ist noch ausreichend warm, so dass die Pflanzen gut anwachsen. Man rechnet mit etwa drei Exemplaren je Meter. Schneiden Sie beschädigte Wurzeln ein wenig zurück und wässern Sie die Pflanzen ein paar Stunden, bevor sie an ihren Platz kommen. Nach der Pflanzung antreten und einschlämmen, um einen guten Bodenkontakt herzustellen. Kürzen Sie auch die oberirdischen Pflanzenteile etwas ein, wenn Sie die Wurzeln beschnitten haben.

Rasen

Winterferien für den Rasen

Anfang November ist es Zeit, zum letzten Mal den Rasen zu mähen. Wenn bis dahin schon Laub gefallen ist, wird es automatisch mit in den Fangkorb befördert. Fällt später noch Laub, so sollte es abgekehrt werden und kann zum Beispiel auf den Stauden- oder Gemüsebeeten als Mulch dienen.

GEWÄCHSHAUS & FRÜHBEET

Heizen mit Gas oder Strom?

Beide Varianten haben Vor- und Nachteile. Um elektrisch zu heizen, benötigt man einen entsprechenden Stromanschluss. Das Heizen mit Strom verursacht keine Emissionen im Gewächshaus und ist sehr genau zu steuern. Wer über keinen Stromanschluss verfügt, kann mit Gas flexibel und sehr effizient heizen. Allerdings müssen dafür die schweren Gasflaschen transportiert werden. Eine dauerhafte Frischluftzufuhr im Gewächshaus ist nötig, damit die Flamme nicht erlischt. Bei einem sehr kleinen Gewächshaus lassen sich einzelne Frostnächte auch mit Hilfe von Kerzen überbrücken. Diese stellt man unter einen umkehrten Tontopf, am unteren Rand muss Luftzufuhr gewährleistet sein, z. B. indem ein Stöckchen untergelegt wird. Der Topf gibt die Wärme dann gleichmäßiger ab als die Kerzenflamme. Als Dauerlösung kommt das aber nicht in Frage.

Eine Kerze, über die ein Tontopf gestülpt wird, gibt Wärme im Gewächshaus.

Selbst gemachte Kräuterseife

Von Dr. Karen Meyer-Rebentisch

Wenn man nach getaner Arbeit aus dem Garten kommt, ist gründliches Händewaschen angesagt. Eine selbst mit Kräutern angereicherte Seife hat einen leichten Peeling-Effekt und hilft dabei, die strapazierte Haut zu reinigen und zu pflegen. Hier stellen wir Seife mit Rosmarin her – das geht aber auch mit anderen Kräutern, wie z. B. Lavendel oder Zitronenverbene.

Schritt 1

Rosmarin kann das ganze Jahr über geerntet werden. Er duftet angenehm und wirkt antibakteriell. Die enthaltenen ätherischen Öle wirken durchblutungsfördernd.

Während andere Kräuter zunächst getrocknet werden müssen, bevor man sie weiter verarbeitet, kann der Rosmarin gleich nach der Ernte verwendet werden.

Für die Weiterverarbeitung werden zunächst die Nadeln von den Zweigen abgestreift. Man benötigt für jeweils ein Stück neutraler Seife etwa vier bis sechs Zweige Rosmarin oder die entsprechende Menge anderer Kräuter. Auch Mischen ist erlaubt.

Schritt 2

Als Nächstes werden die Kräuter vom harten Stiel abgerubbelt und anschließend zerkleinert . Wenn nur eine geringe Menge benötigt wird, ist dies am einfachsten mit einem Wiegemesser zu bewerkstelligen. Getrocknete Kräuter können auch gemörsert werden. Größere Mengen lassen sich mit einem Stabmixer oder in einer Kaffee- bzw. Kräutermühle zerkleinern. Entscheiden Sie selbst, wie fein die Kräuter am Ende sein sollen. Manche Menschen mögen den leicht kratzigen Peeling-Effekt nicht, den grob gemahlene Kräuter auf der Haut hervorrufen. In diesem Fall sollten die Kräuter möglichst fein gemahlen werden.

Schritt 3

Seife selbst von Grund auf herzustellen, also selbst zu sieden, ist eine aufwendige Prozedur, bei der mit Natriumlauge und ausgewählten Fetten nach einem bestimmten Berechnungsschema gearbeitet wird. Dieses Rezept lässt den ersten Schritt aus und ist dafür ungefährlich und einfach.

Als Ausgangsmaterial dient eine duftneutrale Seife aus dem Drogeriemarkt. Gut geeignet sind sogenannte „Arztseifen", da diese in der Regel hautschonend und rückfettend sind. Die gewählte Seife wird nun auf der groben Seite einer Gemüsereibe geraspelt.

Schritt 4

Die geraspelte Seife wird in eine kleine Schüssel gefüllt und die fein zerkleinerten Kräuter hinzugegeben. Anschließend alles gründlich miteinander vermischen! Nun kommt ein wenig Wasser dazu – beginnen Sie mit 1 bis 2 EL und mengen Sie die Masse immer wieder durch, bis eine Konsistenz wie bei einem Keksteig entsteht. Wer mag, kann zu

diesem Zeitpunkt auch ein paar Tropfen eines Duftöls bzw. eines ätherischen Öls – z. B. Orange oder Lavendel – hinzufügen. Der Experimentierfreude sind keine Grenzen gesetzt! Allerdings hat der Rosmarin schon für sich allein einen himmlischen Duft!

Schritt 5
Der Seifen-Teig muss nun eine halbe Stunde ruhen, bevor er noch einmal gründlich geknetet wird. Am Ende dieses Prozesses sollten sich die einzelnen Seifenflocken weitgehend aufgelöst haben. Wer empfindliche Hände hat, zieht dazu besser Handschuhe an, denn der lange Kontakt mit der Seife trocknet die Haut aus.

Nun benötigen Sie zwei Stück Frischhaltefolie. Der Seifen-Teig wird zwischen den beiden Folien mit einer Teigrolle (oder alternativ einer Flasche) etwa 1 cm dick ausgerollt.

Schritt 6
Der ausgerollte Seifenteig kann nun ausgestochen werden. Dazu verwenden wir Keksformen, die nicht zu kleinteilig sein sollten, damit später nichts abbricht. Reste, die beim Ausstechen bleiben, können wieder verknetet und neu ausgestochen werden. Es ist auch möglich, Seifenstücke vollständig von Hand zu formen. Anschließend kommen die Stücke auf einen Kuchenrost und trocknen dort 3 bis 4 Tage. Während des Trocknens wird die Kräuterseife dunkler werden – das ist ganz normal. Hübsch verpackt eignen sich die fertigen Seifenstücke als kleines Mitbringsel.

DEZEMBER

*Bewahre die Liebe in Deinem Herzen.
Ohne sie ist das Leben wie ein
Garten ohne Sonne, aus dem die Blumen
verschwunden sind.*

Oscar Wilde

Notizen

1 MI
ab 3.00
mm
°C max
°C min

2 DO
☊ 20.38
ab 11.00
bis 9.30
ab 12.30 (außer 18.45 bis 22.45)
mm
°C max
°C min

3 FR
mm
°C max
°C min

4 SA **BARBARATAG**
Ag 9.42
ab 20.00
bis 18.30 (außer 7.45 bis 12.45)
ab 21.30
mm
°C max
°C min

5 SO **2. ADVENT**
mm
°C max
°C min

MO 6 — NIKOLAUS

6.22

mm · °C max · °C min

ab 22.00
bis 20.30
ab 23.30

DI 7

mm · °C max · °C min

MI 8 — MARIÄ EMPFÄNGNIS

mm · °C max · °C min

DO 9

mm · °C max · °C min

ab 23.00
bis 21.30
—

FR 10

mm · °C max · °C min

ab 0.30

SA 11

mm · °C max · °C min

ab 18.00
bis 16.30
ab 19.30

SO 12 — 3. ADVENT

mm · °C max · °C min

13 MO
17.09
PFLANZZEIT
Pflanzzeit ab 17.06 Uhr
mm
°C max
°C min

14 DI
PFLANZZEIT
ab 7.00
bis 5.30
ab 8.30
mm
°C max
°C min

15 MI
PFLANZZEIT
bis 15.30
mm
°C max
°C min

16 DO
☋ 13.21
Pg 3.21
PFLANZZEIT
ab 5.00
—
ab 15.30
mm
°C max
°C min

17 FR
PFLANZZEIT
ab 15.00
bis 13.30
ab 16.30
mm
°C max
°C min

18 SA
PFLANZZEIT
mm
°C max
°C min

19 SO
PFLANZZEIT
4. ADVENT
mm
°C max
°C min

MO 20
10.11
mm
°C max
°C min
ab 2.00
bis 0.30
ab 3.30
PFLANZZEIT

DI 21
mm
°C max
°C min
PFLANZZEIT

MI 22
WINTERANFANG/WINTERSONNENWENDE
mm
°C max
°C min
PFLANZZEIT

DO 23
mm
°C max
°C min
ab 12.00
bis 10.30
ab 13.30
PFLANZZEIT

FR 24
HEILIGABEND
mm
°C max
°C min
ab 22.00
bis 20.30
ab 23.30
PFLANZZEIT

SA 25
1. WEIHNACHTSFEIERTAG
mm
°C max
°C min
PFLANZZEIT

SO 26
2. WEIHNACHTSFEIERTAG
mm
°C max
°C min
Pflanzzeit bis 16.52 Uhr
PFLANZZEIT

27 MO
21.12

ab 7.00
bis 5.30
ab 8.30

mm
°C max
°C min

28 DI

mm
°C max
°C min

29 MI

ab 18.00
bis 16.30
ab 19.30 bis 0.00

mm
°C max
°C min

30 DO

☊ 1.51

ab 4.00

mm
°C max
°C min

31 FR

SILVESTER

mm
°C max
°C min

Notizen

ALLGEMEINE ARBEITEN

Arbeitsgeräte reinigen

Wenn draußen nicht mehr so viel zu tun ist, sollten Arbeitswerkzeuge gereinigt werden, bevor sie über den Winter an ihren Aufbewahrungsort kommen. Bei Spaten, Hacke und Co. werden anhaftende Erdreste beseitigt, entweder mit einer Drahtbürste oder aber mit Wasser und einer alten Spülbürste – dann muss alles gut trocknen.
Mechanisch bewegliche Arbeitsgeräte wie zum Beispiel Scheren können mit warmem Wasser und etwas Spülmittel gesäubert werden. Nach dem Trocknen werden bewegliche Teile und Klingen mit einem Feinmechaniker-Öl behandelt. Beträufeln Sie Scharnierteile und bewegen Sie die Schere, um das Öl zu verteilen und wischen Sie überschüssiges Öl anschließend ab – das schützt vor Rost und hält Scheren leichtgängig.

Hagebutten für die Adventsdeko

Im Spätherbst und frühen Winter tragen viele Rosen Früchte. Bei einigen Vögeln sind die Hagebutten beliebt als nahrhaftes Futter. Aber auch als hübscher adventlicher Tischschmuck können die roten kleinen Früchte gut verwendet werden. Sehr gut harmonieren sie mit Weiß und Grün.

1 Hagebuttenzweige geben eine hübsche Tischdekoration ab. 2 Grünkohl wird durch Frost noch besser.

NUTZGARTEN

Gemüse

Grünkohl – vitaminreich und lecker

Grünkohl ist ein klassisches Wintergemüse, das auch tiefe Frosttemperaturen gut übersteht. Im Prinzip kann er bis in das Frühjahr hinein direkt aus dem Garten geholt werden. Wenn er durchgefroren ist, sollte man ihn sofort nach dem Ernten weiterverarbeiten. Wird er bei Temperaturen über 0 °C gepflückt, ist er 2 bis 3 Tage im Kühlschrank haltbar. Will man nicht eine ganze Pflanze auf einmal verbrauchen, nimmt man zuerst die unteren Blätter, sofern diese noch nicht gelb geworden sind. An wärmeren Tagen wächst der Kohl dann noch weiter. Die feinen zarten Triebspitzen sind am leckersten. Es gibt viele regionale Grünkohlsorten, darunter auch solche mit roten oder braunen Blättern.

Obst

Edelreiser schneiden

Wer im Frühjahr Obstbäume umveredeln will, sollte die Edelreiser Ende Dezember schneiden. Dafür eignen sich nur einjährige Triebe, die man am besten von der Südseite eines Baumes der gewünschten Sorte auswählt. Wasserschosse eignen sich nicht! Nach dem Schneiden werden die Reiser in Jute gewickelt an einem vor Sonneneinstrahlung geschützten Platz in der Erde draußen im Garten eingeschlagen.

Kräuter

Kräutertöpfe auf der Fensterbank

Während des Winters sind in Töpfen kultivierte Kräuter wie Basilikum, Petersilie und Schnittlauch beliebt. Sie leiden jedoch gerade in der besonders lichtarmen Zeit und bei trockener Heizungsluft schnell unter dem Befall von Blattläusen oder Spinnmilben. Deshalb sollten Sie die Pflanzen regelmäßig kontrollieren. Bei einem Befall hilft es zunächst, die Kräuter gründlich abzuduschen, die Blattunterseiten dabei nicht vergessen! Gegen Spinnmilben ist es hilfreich, die Pflanzen anschließend gründlich zu gießen und für eine Woche in eine geschlossene klare Plastiktüte zu stecken – die Schädlinge sterben bei hoher Luftfeuchtigkeit ab. Von Blattläusen befallene Pflanzen werden im Abstand von 2 bis 3 Tagen mit einem Gemisch aus Wasser mit Speiseöl besprüht. Das Mischungsverhältnis beträgt 10 : 1, dazu ein paar Tropfen Spülmittel als Emulgator.

Petersilie hält kurzen Frost aus

Das beliebte Küchenkraut ist zweijährig und kann draußen im Beet überwintern, wenn es nicht zu kalt wird. Kürzere Episoden mit Temperaturen bis minus 5 °C hält Petersilie gut aus. Man sollte sie aber nicht berühren, solange sie durchgefroren ist, da die Pflanzenteile sonst brechen können. Sind die Temperaturen wieder über Null, kann die Petersilie wie gewohnt geerntet werden. In sehr kalten Regionen bzw. wenn längere Frostphasen angekündigt sind, hilft es den Pflanzen, wenn sie mit einem Vlies bedeckt werden.

ZIERGARTEN

Sträucher & Bäume

Hecken geben dem Garten Struktur

Gerade im winterlichen Garten ist es gut erkennbar: Große und kleine Hecken geben dem Garten Struktur. Mit Buchsbaum – oder Alternativen wie Heckenberberitze *(Berberis thunbergii)* und Zwerg-Rhodendendron – lassen sich kleine Inseln schaffen, in denen Stauden, niedrige Rosen oder Kräuter und Gemüse effektvoll wachsen können. Mit größeren Hecken, zum Beispiel aus dem sehr gut in Form zu schneidenden Liguster, können verschiedene Gartenräume geschaffen werden. Das macht sich vor allem bei größeren Grundstücken gut, die dadurch viel interessanter wirken. Aber auch kleine Flächen lassen sich durch eine solche Gliederung spannend gestalten.

BALKON & TERRASSE

Terrakottakübel sicher überwintern

Je grobporiger Tontöpfe sind, desto mehr Wasser nehmen sie auf. Kommt es zu Frost, dehnt sich das Wasser aus und kann die Keramik zum Platzen bringen. Maschinell gefertigte Gefäße sind meist besonders gefährdet und sollten frostfrei überwintert werden. Frostharte Terrakottakübel werden in der Regel vom Hersteller entsprechend gekennzeichnet. Aber auch hier gilt, dass das Gefäß möglichst nicht im Schneematsch oder in Pfützen

1

2

stehen sollte. Das Abzugsloch muss freigehalten werden, damit sich keine Staunässe bildet. Aufliegender Schnee wird entfernt, denn intensive Sonneneinstrahlung taut die Oberfläche auf – und wenn Schnee darauf liegt, kann das Schmelzwasser nicht durch die gefrorene Erde ablaufen, sondern sickert an den Rand des Gefäßes – gefriert es erneut, führt das mitunter zu Abplatzungen. Es hilft auch, die Töpfe mit Noppenfolie zu umwickeln.

Buchsbaumhecken geben dem winterlichen Garten Struktur.

TIERE IM GARTEN

Vögel richtig füttern

Vögel, die den Winter über hierbleiben, freuen sich über Futterstellen, sind aber nicht zwingend notwendig. Doch wie schön ist es, sie im Garten an Vögelhäuschen und Futterringen zu beobachten? Wenn man mit dem Füttern anfängt, ist es wichtig, dass man die Futterstellen regelmäßig und verlässlich füllt. Der Futterplatz muss außerdem immer wieder gereinigt werden, insbesondere von Kotresten, da durch sie Krankheiten übertragen werden können. In längeren Frostphasen profitieren Vögel zudem von Wasserschalen, die immer wieder frisch aufgefüllt werden.

3

1 Basilikum gedeiht im Winter auch an einem hellen Platz in der Küche. 2 Petersilie bleibt auf dem Beet und wird an frostfreien Tagen geerntet. 3 Meisenknödel lassen sich dekorativ in einem alten Schneebesen aufhängen.

Überwinterungsstrategien der Pflanzen

Im Winter ist der Garten um einiges kahler als zu den anderen Jahreszeiten. Die Bäume tragen kein Laub, die oberirdischen Teile der Stauden und Gräser sind vertrocknet, die Zwiebelblumen liegen abwartend unter der Erde ... Tatsächlich ist all das nicht nur ein Zeichen dafür, dass die Natur im Winter auf Sparflamme läuft, sondern auch für die schlauen Mechanismen der Pflanzen, mit denen sie die kalte, wasser- und lichtarme Zeit überleben.

Wieso gefriert das Wasser in den Pflanzen nicht?

Wie wir Menschen bestehen auch Pflanzen zu einem Großteil aus Wasser. Es sitzt in ihren Zellen und würde sich beim Gefrieren ausdehnen, die Zellmembranen würden platzen und die Pflanzen sterben. Damit das nicht geschieht, stellen die Gewächse ihr eigenes Frostschutzmittel her. Hierbei hilft u. a. der Zucker, den sie während der wärmeren Jahreszeiten mit Hilfe ihrer Blätter produziert und im Herbst in den Zellen eingelagert haben. Dieser setzt den Gefrierpunkt des Wassers herab. Einige Arten können so tatsächlich Minusgrade im mittleren zweistelligen Bereich aushalten. „Natürlich gilt das nicht für jede Pflanze im selben Maße", betont Dr. Michael Henze vom Bundesverband Garten-, Landschafts- und Sportplatzbau e. V. (BGL). „Arten aus wärmeren Regionen dieser Welt waren nie darauf angewiesen, lang anhaltende, sehr eisige Perioden auszuhalten. Daher haben sie auch keine entsprechenden Strategien entwickelt. Tropische und mediterrane Kübelpflanzen wie Oleander, Zitruspflanzen oder gewisse Palmen benötigen aus diesem Grund entweder einen zusätzlichen Schutz oder eine frostfreie Überwinterung in der Garage, wenn es darin ein Fenster gibt, oder dem Gewächshaus."

Wie überleben Bäume den Winter?

Auch Bäume können ein eigenes Frostschutzmittel herstellen, darüber hinaus schützt sie ihre Rinde vor Frost von außen. Denn die Borke enthält Lufteinschlüsse, die Extremtemperaturen abmildern. Zum anderen hat auch der Laubabwurf im Herbst Strategie. Über die Blätter verdunstet Wasser, im Winter ist dieses im Boden jedoch gefroren. Die Wurzeln können also keine Flüssigkeit aufnehmen und den Verlust über die Blätter ausgleichen. Als Folge würde der Baum vertrocknen. Daher entledigt er sich im Herbst seines Laubes, nachdem er ihm wichtige Nährstoffe entzogen und in den Zellen eingelagert hat. Weiterer Vorteil dabei: Der Wurzelraum wird durch das Laub am Boden wie durch eine Decke geschützt, das kahle Geäst hält Schneelasten besser aus.

„Auf Immergrüne wie die meisten Nadelbäume trifft all das natürlich nicht zu", erklärt Dr. Michael Henze vom BGL. „Die meisten Nadelgehölze sind schon aufgrund der kleinen Blattflächen gut auf den Winter eingestellt, da sie eine geringe Oberfläche haben und somit weniger Wasser verdunsten. Eine Wachsschicht schützt zusätzlich vor Austrocknung und Kälte. Manche immergrünen Laubgehölze wie die Mahonie entwickeln sogar eine Art Sonnenschutz, in dem sie ihr Laub im Winter bunt färben. Ein attraktives Highlight im winterlichen Garten! Immergrüne wie der Rhododendron rollen dagegen ihre Blätter ein, um die Oberfläche zu ver-

1 Immergrüne wie der Rhododendron verringern ihre Oberfläche. 2 Die meisten Stauden, Knollen- und Zwiebelpflanzen ziehen sich in ihre Überdauerungsorgane im wärmeren Boden zurück. 3 Efeu produziert wie viele andere Pflanzen sein eigenes Frostschutzmittel.

ringern." Anders als bei den kahlen Laubbäumen findet Schnee auf den Ästen der Immergrünen sehr viel Fläche. Das kann dazu führen, dass sie unter der Last brechen. Landschaftsgärtnerinnen und Landschaftsgärtner raten daher, hin und wieder leicht an den Gehölzen zu schütteln, damit der pudrige Schnee herabrieselt und keine kompakte Schicht entsteht.

Wieso sterben manche Pflanzen vor dem Winter ab?

Das können manche Pflanzen ähnlich gut wie wir: Wenn man sich einer Sache nicht stellen möchte, setzt man auf Flucht. Das machen zum Beispiel viele Stauden und Gräser. Sie sterben nach der Blüte oberirdisch ab – ihr Laub wird braun und vertrocknet – und treiben erst im wärmer werdenden Frühjahr oder Sommer, seltener im Herbst, wieder aus. So entgehen sie den harten Bedingungen, die im Winter über der Erde herrschen. Doch sie sind natürlich nicht tot, vielmehr ziehen sie sich in ihre Überdauerungsorgane (Wurzeln, Zwiebeln, Knollen oder Rhizome) im Boden zurück. Dort lagern sie wichtige energiereiche Speicherstoffe ein, die es ihnen erlauben, im nächsten Jahr wieder kraftvoll auszutreiben. Zwiebelblumen wie Narzissen legen bis zum Winter sogar bereits eine kleine Version der späteren Blätter, Staubgefäße und Blüten in ihrer Zwiebel an. So können sie im neuen Jahr besonders schnell und vor vielen anderen Pflanzen austreiben. „Es gibt übrigens auch wintergrüne Stauden", erklärt der Experte für Garten und Landschaft Henze. „Sie wachsen zumeist sehr kompakt, das Laub ist sehr dicht, was die innen liegenden Blätter und Knospen vor dem Frost von außen schützt. Schöne wintergrüne Polsterstauden sind zum Beispiel der Rosa Günsel oder das Farn-Fiederpolster. Mit ihnen lassen sich während der sonst eher kahlen Jahreszeit schöne Akzente gestalten."

Einjährige setzen dagegen auf ihre Nachkommen. Sie produzieren vor dem Winter jede Menge Samen, die einen geringen Wassergehalt, ebenfalls ein eigenes Frostschutzmittel und eine harte Schale haben, und so gegen die Kälte gerüstet sind. Bei ihnen sterben zwar die Mutterpflanzen ab, doch die nächste Generation ist gesichert. Weitere Informationen zur abwechslungsreichen Pflanzenwelt und wie Landschaftsgärtner mit ihnen durch das Jahr attraktive Gärten anlegen gibt es auf: *www.mein-traumgarten.de.*

GARTENSCHAUEN 2027

Internationale
Gartenausstellung 2027
Ruhrgebiet

Internationale Gartenausstellung (IGA) im Ruhrgebiet

Vom 23. April bis 17. Oktober 2027

Von April bis Oktober 2027 wird das ganze Ruhrgebiet zur Bühne der Internationalen Gartenausstellung (IGA 2027). Sie verbindet auf einzigartige Weise industrielles Erbe, moderne Garten- und Landschaftsarchitektur sowie zukunftsweisende Konzepte für Nachhaltigkeit und urbanes Leben. Die Zukunftsgärten bieten eine Vielzahl von Events und Kulturveranstaltungen und die Leistungsschau der Grünen Branche: Gärtner, Garten- und Landschaftsbauer zeigen ihr Bestes und die neuesten Entwicklungen. Ausstellungsbeiträge vieler Partner werden als Schaufenster und Laborraum Ideen und Antworten vorstellen auf die Leitfrage „Wie wollen wir morgen leben?"

Mehr Infos finden Sie unter: www.iga2027.ruhr

2027
wittenberge
LANDESGARTENSCHAU

Landesgartenschau in Wittenberge

Vom 21. April bis 24. Oktober 2027

Wittenberge blüht auf! Das längste Sommerfest zwischen Hamburg und Berlin beginnt am 21.04.2027! Erleben Sie an 187 Tagen unvergessliche Momente voller Spaß und (Ent-)Spannung, Regionalität, Genuss, Gartenkultur und Stadtgeschichte in Wittenberge.
Auf rund 20 Hektar Ausstellungsfläche erwartet die Besucherinnen und Besucher eine abwechslungsreiche Blumenpracht, Themengärten und einer Blumenhalle mit zweiwöchig wechselnden Schauen. Großzügige Spielbereiche, Bewegungsangebote und zahlreiche Aufenthaltsflächen machen das Gelände besonders familienfreundlich und bieten Raum zum Entdecken, Entspannen und Verweilen.
Mit rund 1000 Veranstaltungen aus Musik, Kultur, Bildung, Sport und Mitmachformaten wird die Landesgartenschau LAGA zu einer lebendigen Bühne für die Region und weit darüber hinaus.

Mehr Infos finden Sie unter: www.laga-wittenberge.de

Landesgartenschau in Oberhessen

Vom 22. April bis 3. Oktober 2027

Vom 22. April bis 3. Oktober 2027 wird Oberhessen der inspirierende Mittelpunkt Deutschlands. 11 Kommunen richten ein besonderes Ereignis aus: die Landesgartenschau 2027. Im Mittelpunkt stehen zwei Ausstellungsgelände: der Kurpark Bad Salzhausen und der Schlosspark Gedern. Sie bilden mit innovativen Erlebniswelten und gärtnerischen Highlights das Herzstück der Landesgartenschau. Über 165 Tage lang entfalten sich hier die klassischen Elemente einer Landesgartenschau. Ein vielseitiges Kulturprogramm, spannende Mitmach-Aktionen und prächtige Bepflanzungen lassen den Besuch für alle Altersgruppen zu einem besonderen Erlebnis werden.

Mehr Infos finden Sie unter:
www.landesgartenschau-oberhessen.de

Gartenschau in Bad Urach

Vom 30. April bis 3. Oktober 2027

Vom 30. April bis 3. Oktober 2027 findet in Bad Urach erstmals eine Gartenschau in einem baden-württembergischen Biosphärengebiet statt. Entlang der Erms entsteht im Kurpark ein neuer Erlebnisraum, der Gartenschau, Altstadt und Region miteinander verbindet. Kreative Schaugärten, hochwertige Freiräume und Veranstaltungen schaffen einen lebendigen Raum für Begegnung, Naturerleben und Erholung, in dem Vielfalt und Gemeinschaft auf besondere Weise zusammenkommen.

Mehr Infos finden Sie unter:
www.badurach-gartenschau2027.de

Landesgartenschau in Bad Windsheim

Vom 29. April bis 3. Oktober 2027

Komm zum heilsamsten Sommerfest Bayerns – der Landesgartenschau Bad Windsheim 2027. Vom Frühling bis in den Herbst 2027 hinein wird die Stadt ihr neu gewonnenes "grün-blaues Herz" zeigen und Besucherinnen und Besucher in den Bann ziehen. Unsere Gartenschau verbindet die beiden Parks der Stadt, so wachsen Kur- und Landschaftspark zusammen und werden gemeinsam zu einer grünen Oase, die den Bürgerinnen und Bürgern über Generationen erhalten bleibt.

Mehr Infos finden Sie unter:
www.bad-windsheim2027.de

Landesgartenschau in Aue-Bad Schelma

Vom 24. April bis 3. Oktober 2027

„Vom Wismutschacht zur Blütenpracht" – die Landesgartenschau 2027 im Überblick: Die Landesgartenschau Aue-Bad Schlema 2027 präsentiert vom 24. April bis 03. Oktober 2027 eine vielfältige Schau aus Gartenkultur, Naturerlebnis und regionaler Identität. Besucher erwartet ein modernes Ausstellungsgelände mit Themengärten, Veranstaltungsflächen und Bildungsangeboten. Die LAGA stärkt den Tourismus, fördert nachhaltige Stadtentwicklung und schafft neue Freiräume für Bewohner und Gäste der Region.

Mehr Infos finden Sie unter:
www.landesgartenschau.eu

SERVICE

ERHALTUNG DER SORTENVIELFALT

Verein zur Erhaltung der Nutzpflanzenvielfalt (VEN) e. V.
www.nutzpflanzenvielfalt.de

Österreich

Arche Noah
Obere Str. 40
A-3553 Schiltern
Tel.: + 43 (0) 27 34 86 26
www.arche-noah.at

Schweiz

ProSpecieRara Deutsche Schweiz
Unter Brüglingen 6
CH-4052 Basel
Tel.: + 41 (0) 6 15 45 99 11
www.prospecierara.ch

BÄUME UND STRÄUCHER

Pflanzenhandel Lorenz von Ehren GmbH & Co. KG
Maldfeldstr. 4
21077 Hamburg
Tel.: (040) 7 61 08-0
www.lve-baumschule.de

Laub- und Nadelbäume, Rosen, Rhododendron, Formgehölze, Obstbäume, Stauden, mediterrane Pflanzen, Pflanzanleitungen

Bioland Baumschule & Obstgarten
Uepser Heide 1
27330 Asendorf
Tel.: (04253) 80 06 22
www.hoffmann-obstbaumschule.de

Kern-, Stein- und Beerenobst. Planung und Anlage von naturnahen Gärten, Erziehungsschnitt von Jungbäumen, Baum- und Gehölzschnitt, Obstbaum-Schnittkurse usw.

Baumschule H. Hachmann
Brunnenstr. 68
25355 Barmstedt
Tel: (04123) 20 55
www.hachmann.de

Rhododendron, über 640 Sorten sowie Zwerggehölze und Raritäten. Pflegetipps. Produzent und Züchter

Kordes Jungpflanzen Handels GmbH
Mühlenweg 8
25485 Bilsen
Tel.: (04106) 40 11
www.koju.de

Laub- und Nadelgehölze, Beerensträucher

Hermann Cordes Baumschulen
Pinneberger Str. 247 A
25488 Holm/Holstein
Tel.: (04103) 9 39 80
www.cordes-obst.de

Spezialbetrieb für Obstgehölze mit einer Sammlung von über 500 Apfelsorten. Zudem Beerenobst und Wildschutzgehölze.

Schweiz

Häberli Fruchtpflanzen AG
CH 9315 Neukirch-Egnach
Tel.: + 41 (0) 71 555 37 00
www.haeberli-beeren.ch

Beeren-, Stein- und Kernobst

CLEMATIS

Clematis-Kulturen
F. M. Westphal
Peiner Hof 7
25497 Prisdorf
Tel.: (04101) 7 41 04
www.clematis-westphal.de

Über 500 Clematis-Sorten, Neuheiten und Raritäten. Sortenbeschreibungen und online-shop

ROSEN

Bei folgenden Rosenschulen und Rosenzüchtern erhalten Sie ein umfangreiches Sortiment an Rosenarten und -sorten sowie Pflegetipps und Sortenbeschreibungen (Homepage).

W. Kordes' Söhne Rosenschulen GmbH & Co.KG
Rosenstr. 54
25365 Klein Offenseth-Sparrieshoop
Tel.: (04121) 4 87 00
www.rosen.de

Rosen Tantau Vertrieb GmbH & Co.KG
Tornescher Weg 13
25436 Uetersen
Tel.: (04122) 70 84
www.rosen-tantau.com

Noack Rosen
Baum- und Rosenschulen
Inh. Reinhard Noack
Im Fenne 54
33334 Gütersloh
Tel.: (05241) 2 01 87
www.noack-rosen.de

Rosenhof Schultheis
Bad Nauheimer Str. 3–7
61231 Bad Nauheim-Steinfurth
Tel.: (06032) 9 25 28 0
www.rosenhof-schultheis.de

Rosen-Union
Bad Nauheimer Str. 47
61231 Bad Nauheim-Steinfurth
Tel.: (06032) 96 53-0
www.rosen-union.de

Bioland-Rosenschule Ruf
Zum Sauerbrunnen 35
61231 Bad Nauheim
Tel.: (06032) 8 18 93
www.rosenschule-ruf.de

GEMÜSE

Lubera GmbH
Email: kundenservice@lubera.com
Tel.: (04403) 9 84 75 90
www.lubera.com

Blu-Blumen
Stukendamm 80
33449 Langenberg
Email: info@blu-schmeckt.de
www.blu-blumen.de

Bingenheimer Saatgut AG
Kronstr. 24–26
61209 Echzell-Bingenheim
Tel.: (06035) 18 99-0
www.bingenheimersaatgut.de

STAUDEN

Kräuter- und Staudengärtnerei Mann
Müglitztalstr. 26
01809 Müglitztal/Mühlbach
Tel.: (0351) 25 38 48 45
www.staudenmann.de
www.pflanzenreich.com

Große Vielfalt an Kräutern und Stauden. Über 600 verschiedene Duft-, Gewürz- und Heilkräuter sowie 2500 verschiedene Gartenstauden und Gartenpflanzen aus eigener Produktion. Online-Shop und Sortenbeschreibungen

Arends Maubach Stauden & Gartenkultur
Monschaustr. 76
42369 Wuppertal-Ronsdorf
Tel.: (02 02) 46 46 10
E-Mail: stauden@anja-maubach.de
www.arends-maubach.de

Sortiment mit etwa 1.200 verschiedenen Stauden, die auf traditionelle Weise, nachhaltig und im Einklang mit der Natur produziert werden.

Staudengärtnerei Gräfin von Zeppelin
Weinstr. 2
79295 Sulzburg-Laufen
Tel.: (07634) 55 03 90
www.graefin-von-zeppelin.de

Versandgärtnerei mit einem der größten Sortimente winterharter Gartenblumen. Spezialitäten wie Iris, Mohn, Päonien

Staudengärtnerei Gaißmayer
Jungviehweide 3
89257 Illertissen
Tel.: (07303) 60 89 60
www.gaissmayer.de

Über 3000 Arten und Sorten von Stauden, Biokräutern, Duftpflanzen, Malven, Phlox, Stauden für den ländlichen Garten, viele Raritäten, historische Sorten und Neuheiten

Blumenschule Rainer Engler
Augsburger Str. 62
86956 Schongau
Tel.: (08861) 73 73
www.blumenschule-schongau.de

Blatt- und Blütenstauden, Chili und Tomaten, Duft- und Teepflanzen, Heilpflanzen, Kräuter und Gewürze, Räucherpflanzen, Wildobst und Gemüse. Diverse Blumen- und Kräutersamen. Pflanzenpflege, Zubehör, Veranstaltungen

Österreich

Sarastro-Stauden
Christian Kreß
A-4974 Ort im Innkreis 131
Fax: +43 (0) (7751) 84 24-3
Mobil: +43 (0) (664) 2 61 03 62
www.sarastro-stauden.com

Spezialist für winterharte Blütenstauden, Alpenpflanzen und botanische Seltenheiten.
Fast 3000 Arten und Sorten, vom bodendeckenden Storchschnabel über archaisch anmutende Rittersporne bis hin zum hochalpinen Steinbrech. Ausgesprochen vielseitiges Staudensortiment

KRÄUTER UND DUFTPFLANZEN

Die Kräuterei Manufaktur für Grünes und Süßes
Alexanderstr. 29
26121 Oldenburg
Tel./Fax.: (0441) 88 23 68
www.kraeuterei.de

Große Palette an Gewürz-, Duft-, Heil- und Teekräutern. Über 400 Arten und Sorten.

Rühlemann's
Auf dem Berg 2
27367 Horstedt
Tel.: (04288) 3 00 19 11
www.kraeuter-und-duftpflanzen.de

Über 1200 Kräuterarten und -sorten. Gestaltungstipps und Seminare

Syringa
Duftpflanzen und Kräuter
Untere Gräben 1
78247 Hilzingen-Binningen
Tel.: (07739) 14 52
www.syringa-pflanzen.de

Duftpflanzen, Duftsträucher, Blumenwiesen, Blumenzwiebel, Gemüse. Gartentipps, Schaugarten

Bei diesen Firmen finden Sie weitere Spezialitäten:

www.bingenheimersaatgut.de
www.dreschflegel-saatgut.de

Artemisia Allgäuer Kräutergarten
Hopfen 29
88167 Stiefenhofen im Allgäu
Tel.: (0 83 86) 96 05 10
E-Mail: info@artemisia.de
www.artemisia.de

Biologisches Saatgut von Heilpflanzen, Gewürzpflanzen, Gemüse, Gründüngung, Blumenmischungen, Räucherwerk, Kräutertess

IMPRESSUM

Die Aussaattage wurden auf der Grundlage der Astronomischen Konstellationen an der mathematisch-astronomischen Sektion des Goetheanums in Dornach, Schweiz, berechnet.

Autorin des Arbeitskalenders:
Dr. Karen Meyer-Rebentisch
ist freie Journalistin, Autorin und Fotografin. Sie hat schon mehrere Ratgeber und Bildbände zu Garten- und Kochthemen fotografiert und geschrieben, zudem arbeitet sie für namhafte Gartenmagazine.

Die Autoren der Sonderthemen sind bei den jeweiligen Beiträgen genannt.

Bildnachweis

Mit 183 Farbabbildungen von:
BGL (6): S.160 beide, 161, 165 alle drei; Daniela **Christ (8):** S. 101 o beide, 102 alle drei, 103 alle drei; **Flora Press (4):** /Lilianna Sokolowska S. 12 re, /Otmar Diez S. 13, /gartenfoto S. 117 li, /Modeste Herwig S. 129 u; **GAP Photos (2):** /Pernilla Bergdahl S. 17 u, /Mark Winwood S. 117 re; **Gartenbildagentur Friedrich Strauß (2):** /House of Pictures, Ida Schmidt S. 9 li, /Friedrich Strauß S. 68 o; **Ortrud Grieb (6):** S. 10, 12 li, 16 li, 17 o, 40, 41 li; **Mareike Hoene (1):** S. 100; **Lisana Hart**l **(2):** S. 28, 29; **Wolfgang Lang (6):** S. 143 alle drei, 158 alle drei; **Werner Lantermann (6):** 55 alle drei, 56 beide, 57; **living4media (1):** Birgid Allig S. 71; **Horst Lünser (1):** S. 155 u; **Dr. Karen Meyer-Rebentisch (103):** S. 7, 14 u, 16, 17, 25 beide, 26 beide, 31, 36, 37 alle drei, 38, 39 beide, 42, 43, 49 u, 51 beide, 52, 53 beide, 58, 59, 65 beide, 66 beide, 67 beide, 69 beide, 72, 73, 80 beide, 81, 82 beide, 85 beide, 88, 89, 96 beide, 97 beide, 98 beide, 99 beide, 104, 105, 111 beide, 112, 113 beide, 114, 115 beide, 118, 126 beide, 127, 128, 130 beide, 131 alle vier, 132, 133, 139, 140 beide, 141, 142, 152, 153, 155 o beide, 156 o, 159 o, 162, 163, 169 beide, 171 u, 172, 173 alle drei, 174, 175, 181 beide, 182 beide, 183 o; **Shutterstock (26):** /Viktor Sergeevich S. 2, /enciero S. 9 re, /Matchou S. 11, /LSP EM S. 14 o, / Peter Turner S. 6 li, 15, /DronG S. 16 re, /Karin Jaehne S. 27, /Natalia Greeske S. 30, /Heike Rau S. 41 re, /Tomasz Klejdysz S. 49 o, 50, /Ameena Dahiya S. 68 u, /Bildagentur Zoonar GmbH S. 83, /Mariia Boiko S. 6 re, 84 o, /La Huertina De Toni S. 84 u, /Dulin S. 119, /Radovan1 S.129 o, /M.Nyusha S.129 mi, /stockcreations S. 156 u, /Jiri Hera S. 157, /PhotoJuli86 S. 159, /Nat YS S. 170, /FotoHelin S. 171 o, Oksana_ Schmidt S. 183 ure; **Tina Ullmann (3):** S. 86 beide, 87; **André Winkler (6):** S. 144, 145, 147 alle vier;

Umschlaggestaltung von komuniki - print + web, Sigrid Walter, unter Verwendung von zwei Farbfotos von stocksy/Pardina Studio x Katya D (Umschlagvorderseite) und stocksy/ Harald Walker (Umschlagrückseite) sowie einer Illustration von shutterstock/Svesla Tasla.

Gedruckt auf chlorfrei gebleichtem Papier

MIX
Papier | Fördert gute Waldnutzung
FSC® C043106
FSC www.fsc.org

Pfizerstraße 5–7, 70184 Stuttgart
kosmos.de/servicecenter

ISBN 978-3-440-18506-3
Projektleitung: Birgit Grimm
Redaktion: Birgit Grimm
Gestaltungskonzept: Claudia Adam Graphik-Design, Bad Kreuznach
Gestaltung und Satz: Katrin Kleinschrot, Stuttgart
Produktion: Klaus Jost
Druck und Bindung: Grafisches Centrum Cuno GmbH & Co. KG
Printed in Germany / Imprimé en Allemagne

Zum Weiterlesen aus — dem KOSMOS-Verlag

Ortrud Grieb
Trockenhelden im Gemüsebeet. So überlebt dein Nutzgarten in trockenen Zeiten.
Eigenes Gemüse sowie Obst und Kräuter trotz Trockenheit und Hitze? Gartenbauingenieurin, Expertin und SPIEGEL-Bestsellerautorin Ortrud Grieb gibt in ihrem neuen Buch wertvolle Praxistipps, die dabei helfen, den eigenen Garten resistenter gegen Trockenheit zu machen. Ihre Bewässerungsmaßnahmen und Pflegetipps reduzieren nicht nur den Wasserbedarf von Nutzpflanzen, sondern bewahren die Bodenfeuchtigkeit und schonen die Ressourcen und ausgewählte Pflanzempfehlungen machen den Nutzgarten fit für die Zukunft mit Klimawandel.
128 Seiten, € 20,00 → siehe Seite 8 bis 17

Lisana Hartl
Balkon-Kräuter-Ernte. Perfekte Matches für den Balkon – einfach Kräuter ernten rund ums Jahr.
Küchenkräuter sind robust und langlebig – und völlig unterschätzt! Das weiß Lisana Hartl, Leiterin der Kreativabteilung des Münchner Kindl Senf nur zu gut: Aufgrund ihrer sehr begrenzten Zeit endeten frühere Gemüsegärtnerambitionen in Frust und schlechter Ernte. Das alles änderte sich, als sie sich auf das Kultivieren von Küchenkräutern auf ihrem Balkon fokussierte. Wie sie so nicht nur die Liebe zum Gärtnern wiederentdeckte, sondern mit Leichtigkeit und Genuss das ganze Jahr über Kräuter anpflanzt, erntet und kreativ verwertet, zeigt sie in diesem Ratgeber.
128 Seiten, € 20,00 → siehe Seite 28 bis 29

Ortrud Grieb
Wer kann mit wem im Beet? Die besten Partner – mit 20 Musterbeeten zum Nachpflanzen.
Mischkultur ist die ideale Anbaumethode für alle, die sich einen gesunden und gleichzeitig pflegeleichten Garten wünschen. Die Gartenexpertin Ortrud Grieb erklärt, welche Pflanzen sich beim Gemüseanbau positiv beeinflussen oder ihre Beetpartner vor Schädlingen und Krankheiten schützen. Für eine schnelle Umsetzung hat sie rund 30 Musterbeete zusammengestellt – mit beliebten Gemüsen, für jede Größe, zum einfachen Nachpflanzen. So schafft man eine gute Basis für gesundes Wachstum und ökologischen Pflanzenschutz im Gemüsebeet.
96 Seiten, € 16,00 → siehe Seite 40 bis 41

kosmos.de

Sigrid Tinz
Patchwork Gärtnern. Stück für Stück mehr Natur im Garten.
Patchwork-Gärtnern könnte auch Stück-für-Stück-Gärtnern heißen, fleckenweise. Weder wird im Garten tabula rasa gemacht, noch soll er verwildern. Nach dem Motto ‚Nicht alles auf einmal' wird die Hecke nur stückweise geschnitten, im Rasen Wieseninseln wachsen gelassen, Stauden nur portionsweise gestutzt und an Wegrändern Säume wachsen gelassen. So haben Käfer, Bienen, Schmetterlinge, Eidechsen, Spitzmäuse oder Igel nicht nur schützendes Blätterdach, sondern auch ein wahres Schlaraffenland für die Nahrungssuche. Sigrid Tinz führt mit diesem Buch ins Prinzip Patchwork-Gärtnern ein, erklärt, was für den Einstieg nötig ist, und gibt kreative Inspirationen für die Gestaltung einzelner Gartenbereiche. Mit vielen wunderschönen Fotos macht dieses Buch Lust, sofort anzufangen.

128 Seiten, € 18,00 → siehe Seite 70 bis 71

Tina Ullmann
Olivenbaum ganz einfach. Pflegen, schneiden, überwintern.
In diesem praktischen Ratgeber und SPIEGEL Bestseller gibt „Olivenbaum-Päpstin" und Garten-Influencerin Tina Ullmann (@tinas_homeandgarden) ihr beeindruckendes Wissen rund um Kauf und Pflege von Olivenbäumen weiter. Mit Liebe zum Detail und wunderschön bebildert zeigt sie, wie sich die Ölbäume im Garten oder auf der Terrasse so richtig wohlfühlen und was bei Krankheiten oder Schädlingsbefall zu tun ist.

96 Seiten, € 16,00 → siehe Seite 86 bis 87

Jens Maute
Wasser im Garten clever managen. Den Garten so gestalten, dass er mit viel und wenig Wasser auskommt.
Erst Trockenheit, dann Starkregen: Derartige Wetterextreme bedeuten Stress für Pflanzen. Doch das muss nicht sein, denn schon ein paar clevere Maßnahmen helfen, Regenwasser im Garten optimal zu speichern. Landschaftsarchitekt Jens Maute gibt wertvolle Praxistipps und zeigt, wie Wasserhalteeinrichtungen und bauliche Elemente den Garten widerstandsfähig gegen zu viel oder zu wenig Wasser machen.

128 Seiten, € 22,00 → siehe Seite 116 bis 117

André Winkler
Ganz einfach – Stauden. So wird dein Garten zum pflegeleichten Blütenmeer.
Stauden sind einfach, robust und schön – und die perfekte Antwort, um trotz Wetterextremen schöne Beete zu gestalten. André Winkler, SPIEGEL Bestseller-Autor, zeigt in diesem Buch, was beim Pflanzen und bei der Pflege von Stauden beachtet werden muss und gibt allen, die neu mit Stauden arbeiten, viele praktische Tipps, um dem eigenen Garten das gewisse Etwas zu verleihen. Tolle Beetideen aus seinem eigenen Staudengarten geben jede Menge Inspiration zum Nachpflanzen.

96 Seiten, € 16,00 → siehe Seite 144 bis 147